卷首语

金秋十月，我们迎来了新中国60年华诞。60年历程，60年巨变：我们的城市变了，居住变了，生活变了！甚至我们自身也变了：从集体性格的群体逐渐成长为独立个性的个体。

在建设领域，代表国家与城市巨变的有最新出炉的北京新十大建筑，它们是新中国60年的崭新国家形象。在这些显赫的标志性的建筑中，从来没有住宅建筑。住宅一直是一个城市的底图，但正是这个底图，在改革开放30年中经历了翻天覆地的变化，折射出中国经济改革的进程、消费文化的渗透、社会力量的变迁以及芸芸大众的真实生活，它反映的民生问题，从另一侧面更细致入微地体现了国家形象。

新中国成立的前30年，"分房子"、"合理设计与不合理使用"、"社会主义内容民族形式"、"先生产、后生活"等成为人们生活中的词汇，住房作为一种国家福利制度下的"分配物品"，对应的是越发贫穷和简陋的居住条件。住宅与家的分裂，代表了物质空间与精神空间的分裂。

改革开放的后30年，从"中国土地第一拍"到"第一家上市地产公司"、从"第一家物业管理公司"到"第一家房地产中介机构"、从"第一部房地产法规"到"第一个业主委员会"——激情、喧哗、创新、变化，交织成中国住宅30年改革的筚路蓝缕之路。随着中国住宅私有化的演进，住宅恢复了在人们生活中的中心性和多样性。

一方面我们看到30年住宅改革的巨大成就，另一方面我们也看到变化中的不足：中国低收入家庭居住问题的解决是一个沉重的话题，花园洋房与贫民窟的比邻在中国越来越司空见惯，居住分层现象严重。

毋庸置疑，在过去60年时间里，中国住宅发展过程最为显著的特色，就是它在住房供应的基本形式上所采取的极端立场，它从一种私有制下残存的自由市场体系，彻底转变为绝对的公有制和社会福利供给制，然后又返回到——尽管实现了更多更好的社会公平保障——种以市场为导引的体系（彼德.罗，2000）。这种极端立场的根源也许来自从落后贫困的土壤中生长出来的一种追求极致的理想主义思维，一种现代化道路上理想与现实、彼岸与此岸之间的困惑。但私有化不可能完全解决中国的居住问题，商品化也不应是住宅供给的惟一手段，效率和公平将长期是中国住宅政策所要解决的主要问题。

未来的中国住宅又会走向哪里？本期《住区》力图通过主题文章、60年居住状况的问卷调查、60年住宅典型案例的回放、60年住宅领域的关键词整理以及人物访谈等一系列报道，来梳理中国住宅60年的历程。

图书在版编目 (CIP) 数据

住区. 2009年. 第5期/《住区》编委会编.
—北京: 中国建筑工业出版社, 2009
ISBN 978-7-112-11422-1

I.住... II.住... III.住宅-建筑设计-世界
IV.TU241

中国版本图书馆CIP数据核字 (2009) 第 179337 号

开本: 965×1270毫米 1/16　印张: 7½
2009年10月第一版　2009年10月第一次印刷
定价: 36.00元
ISBN 978-7-112-11422-1
(18661)
中国建筑工业出版社出版、发行 (北京西郊百万庄)
各地新华书店、建筑书店经销

利丰雅高印刷 (深圳) 有限公司制版
利丰雅高印刷 (深圳) 有限公司印刷
本社网址: http://www.cabp.com.cn
网上书店: http://www.china-building.com.cn
版权所有　翻印必究
如有印装质量问题，可寄本社退换
(邮政编码 100037)

目录

特别策划　　Special Topic

05p. 中国住宅60年关键词 　　住区整理
　　　60 Years of Chinese Housing – Keywords 　　Community Design

主题报道　　Theme Report

18p. 中国住区规划发展60年历程与展望 　　赵文凯　开　彦
　　　60 Years of Community Planning in China 　　Zhao Wenkai and Kai Yan

26p. 社会住房角度下的中国住房改革回顾 　　王　韬
　　　A Social Housing Perspective on China's Housing Reform 　　Wang Tao

32p. 中国绿色住区政策发展回顾与展望 　　张　播　许　荷
　　　——从绿色建筑到可持续发展社区 　　Zhang Bo and Xu He
　　　Green Community Development in China
　　　From green architecture to sustainable community

35p. 中国近十年的住宅产品演进 (上) 　　周燕珉　齐　际
　　　The Evolvement of Housing Products in the Last Decade in China (1) 　　Zhou Yanmin and Qi Ji

42p. 多层板式住宅的行列式布局的发展回顾 　　韩孟臻
　　　A Review of Development of Parallel Layout for Multi-Story Row House Cluster 　　Han Mengzhen

46p. 对深圳市早期住区形态特征的片断认识 　　刘尔明
　　　A Fragmental Reflection on Community Morphological Characters in Shenzhen 　　Liu Erming
　　　in the Early Reform Era

52p. 深圳住宅创新性及其对全国住宅市场的影响 　　陈　方
　　　Shenzhen's Innovative Housing Practice and Its Exemplary Effects 　　Chen Fang
　　　to China's Housing Market

58p. 需求与消费变化的中国住房市场 　　陈一峰
　　　Demand and Consumption Changes of China's Housing Market 　　Chen Yifeng

60p. 深深扎根热土，不为南橘北枳 　　赵晓东
　　　——从柏涛墨尔本设计看中国住区十年发展路 　　Zhao Xiaodong
　　　To Be Local
　　　Peddle Thorp Consultants on the ten years of Chinese housing

64p. 《住区》杂志"中国住宅60年"问卷调查 　　开　彦
　　　Questionnaire on "60 Years of Chinese Housing" by Community Design 　　Kai Yan

建筑实例　　Case study

66p. "中国住宅60年"——学苏街坊 　　住区整理
　　　"60 Years of Chinese Housing" - Soviet Union Neighborhood 　　Community Design

68p. "中国住宅60年"——学苏小区 　　住区整理
　　　"60 Years of Chinese Housing" - Soviet Union Housing District 　　Community Design

住区
COMMUNITY DESIGN

中国建筑工业出版社
联合主编： 清华大学建筑设计研究院
　　　　　深圳市建筑设计研究总院有限公司
编委会顾问： 宋春华 谢家瑾 聂梅生
　　　　　　顾云昌
编委会主任： 赵 晨
编委会副主任： 孟建民 张惠珍
编委： （按姓氏笔画为序）
万 钧 王朝晖 李永阳
李 敏 伍 江 刘东卫
刘晓钟 刘燕辉 张 杰
张华纲 张 翼 季元振
陈一峰 陈燕萍 金笠铭
赵文凯 邵 磊 胡绍学
曹涵芬 董 卫 薛 峰
魏宏扬

名誉主编： 胡绍学
主编： 庄惟敏
副主编： 张 翼 叶 青 薛 峰
执行主编： 戴 静
执行副主编： 王 韬
责任编辑： 丁 夏
美术编辑： 付俊玲
摄影编辑： 陈 勇
学术策划人： 饶小军
专栏主持人： 周燕珉 卫翠芷 楚先锋
范肃宁 汪 芳 何建清
贺承军 方晓风 周静敏
海外编辑： 柳 敏（美国）
张亚津（德国）
何 崴（德国）
孙菁芬（德国）
叶晓健（日本）

理事单位： 中国建筑设计研究院

北京源树景观规划设计事务所
R-Land
北京源树景观规划设计事务所
http://www.r-phu.com
理事成员： 胡海波

澳大利亚道克设计咨询有限公司
DECO
澳大利亞道克設計咨詢有限公司
DECO-LAND DESIGNING CONSULTANTS (AUSTRALIA)

北京擅亿景城市建筑景观设计事务所
SYJ
Beijing SYJ Architecture Landscape Design Atelier
www.shanyijing.com Email:bjsyj2007@126.com
理事成员： 刘 岳

华森建筑与工程设计顾问有限公司
华森设计
HSArchitects
理事成员： 叶林青

协作网络： http://www.abbs.com.cn

ABBS建筑论坛

70p. "中国住宅60年"——中国街坊 "60 Years of Chinese Housing" - Chinese Neighborhood		住区整理 Community Design
72p. "中国住宅60年"——花园住宅 "60 Years of Chinese Housing" - Garden Housing		住区整理 Community Design
76p. "中国住宅60年"——中国土地第一拍 "60 Years of Chinese Housing" - the First Land Auction		住区整理 Community Design
80p. "中国住宅60年"——第一会所 "60 Years of Chinese Housing" - the First Tenants Club		住区整理 Community Design
82p. "中国住宅60年"——郊区大盘 "60 Years of Chinese Housing" - Suburban Giant Housing District		住区整理 Community Design
84p. "中国住宅60年"——旅游地产 "60 Years of Chinese Housing" - Tourist Housing Development		住区整理 Community Design
88p. "中国住宅60年"——中式住宅 "60 Years of Chinese Housing" - New Chinese Style Housing		住区整理 Community Design
92p. "中国住宅60年"——绿色住宅 "60 Years of Chinese Housing" - Green Houses		住区整理 Community Design

人物访谈　　　　　　　　　　　　　　　　　　　　　　　　　　　Interview

100p. 以一个挑剔的客户身份做设计　　　　　　　　　　　　　　　　住区
　　　——对话中建国际（深圳）公司宋光奕先生　　　　　　Community Design
　　　Designing As A Picky Client
　　　A dialogue with Mr. Song Guangyi, CCDI Shenzhen

可持续住区　　　　　　　　　　　　　　　　　　　　　Sustainable Community

102p. 略论生态住宅区的规划与建筑　　　　　　　　　　　　　　黄昊壮 张 敏
　　　——以德国Scharnhauser花园居住区为例　　　　　Huang Haozhuang and Zhang Min
　　　On Ecological Community Planning and Architecture
　　　Taking Scharnhauser Park as an example

112p. 未来的可持续居住　　　　　　　　　　　　　　　　　　　赵 亮 Tunney Lee
　　　——麻省理工学院城市研究与规划系列课题介绍　　　Zhao Liang and Tunney Lee
　　　Sustainable Living of the Future
　　　Projects by Department of Urban Studies and Planning, MIT

住宅研究　　　　　　　　　　　　　　　　　　　　　　　　Housing Research

116p. 如何营造汽车时代的住区步行环境　　　　　　　　　　　　　　韩秀琦
　　　How to Plan the Community Pedestrian System in an Automobile Era　　Han Xiuqi

封面：中国住宅60年由傅方兴设计

特别策划
Special Topic

"人塑造住宅，住宅塑造人"，已是老生常谈。但是，这数十年发展的飞速变化，究竟是什么样的住宅塑造了今天的我们？对我们大多数人而言，那已经是一个回不去的过去了。我们的城市与住宅如同疾驰的车窗外掠过的树木被快速抛到脑后，甚至在仅仅数年时间里，当我们回到生于斯长于斯的故乡，都已经完全辨认不出她的模样了。

所以，在这一期《住区》里，我们在历史的书架上、在城市各个的角落里，像捡起散落的珍珠一样，找到了这些象征着中国住宅60年的关键词，将它们重新穿成一串，尝试拼凑成一幅比较完整的画面。我们一路走来的历史或许已经渐渐淡去，我们的城市或许已经完全变了样子，但是，这些还没有完全被湮没的记忆仍然可以作为我们追溯来路的路标。这些关键词有些是关于住宅的平面、功能和外观，有些是关于居住区的功能与布置，有些则是住宅政策的术语……它们都是（或者曾经是）某个时代关于住宅耳熟能详的词语，与一代人的居住环境密切相关，标志着那一时代的住宅特征。

60年的时间，中国住宅的发展变化完全可以用沧海桑田来形容——从四合院到苏联式街坊、从平房到单元楼、从私房到公房再到私房、从简易楼到别墅、从合住没有厨厕到现在降不下来的面积标准……中国的城市住宅不是渐进发展而更像是在两个极端之间激烈的震荡，这实在是一个令人惊奇、迷惑和叹息的现象。

那么这种震荡的源泉来自哪里呢？这也许源于从落后贫困的土壤中生长出来的一种追求极致的理想主义思维，一种现代化道路上理想与现实、彼岸与此岸之间的困惑。如同20世纪50年代"合理设计不合理使用"这个关键词所表现出的，一方面畅想着很快进入共产主义人人享有高大轩敞的住宅，另一方面不得不在现实中把一套理想住宅分配给几个家庭合住，中国住宅的发展就是这样始终在理想主义的未来与相当严酷的社会经济资源条件之间纠葛，从而表现出强烈二元化的思想特征——不是人民公社就是简易楼，不是住房公有就是私有，提供住房的不是国家就是市场，住房标准不是高得脱离现实就是低得离谱……这种非此即彼的思维带来的一个明显后果就是：我们把现在仅仅当作到达理想之前的一个过渡，随时将自己的过去与现在抛诸脑后。我们为遥远的历史骄傲，为美好的未来而激动，但是却毫不珍惜自己一路走来的经历。

不过，在回顾历史的过程中，我们也注意到了一脉静静延续的理性潜流，如在学苏之后出现的小面积住房发展、大跃进之后出现的短暂调整……当理想主义的尘埃落定，总是有一股理性精神能够回到现实，散发出静静的力量推动历史前进，而它们无不建立在对过去和现在的清醒认识和理性分析基础之上。我们希望这一期的"中国住宅60年关键词"能够帮助延续这种精神，让大家在疾速变化的环境中了解属于我们自己的住宅历史。

只有珍惜现在和过去，下一步才会迈得更稳健。

中国住宅60年关键词
60 Years of Chinese Housing - Keywords

住区整理 *Community Design*

公有住房

在新中国成立初期经济基础薄弱、生活资料匮乏的情况下，政府对于干部和部分城市居民沿袭了消费品供给制或半供给制的办法，将消费品的供给分为若干等级，以保证居民基本生活需求。住宅也是供给的内容之一。工业化政策实施以后，城市执行低工资、低消费政策，住房虽然实行了租金制，但仍然不是生活消费品。

随着计划经济体制的逐步建立和社会主义公有制改造，城市住宅的投资建设主体逐步趋于一元化。城市新建住宅的投资90%以上来自国家。1956年5月8日，国务院颁布了"关于加强新工业区和新工业城市建设工作几个问题的决定"，强调"为了使新工业城市和工人镇的住宅和商店、学校等文化设施建设经济合理，应逐步实现统一规划、统一设计、统一投资、统一建设、统一分配和统一管理。"明确了中国公有住房的基本原则，在集中管理体制下，形成了一整套住房集中、统一分配的办法。此体制下新建的城市住房和通过私有化改造变为公有的住房被统一称为"公有住房"。

社会主义内容、民族形式

1. 景山后街宿舍大楼
2. 清华大学1～4号宿舍楼
（图片来源：清华大学建筑学院资料室）

1950年代正是现代主义建筑思想在欧美战后重建中大显身手的时候，而中国当时的建筑理论受到了苏联影响，现代主义建筑被认为代表着资产阶级审美情趣而受到批判。苏联提出了"社会主义现实主义"的建筑创作理论，在当时体现为占主导地位的"社会主义内容，民族形式"的设计方法。中国建筑师开始试图在中国的建筑传统中寻求"社会主义内容，民族形式"的表现形式。经过对中国的建筑历史进行研究与挖掘，他们得出传统建筑的大屋顶与引进自苏联的西方古典主义立面构图相结合的解决办法。在1955年因经济原因遭到批判以前，这种形式得到了充分发挥的时机，被认为很好地体现了社会主义新中国的伟大与民族特色。至今，还可以在中国城市中看到这些20世纪50年代特点鲜明的居住建筑，如北京景山后街的宿舍大楼、清华大学1～4号宿舍楼等。

合理设计不合理使用

随着1950年代苏联住宅标准设计的引进,苏联的住宅定额指标体系也同时被引入中国。但是当时苏联的住宅定额为人均6m²居住面积,而中国的实际居住水平为人均4m²左右,因此中国提出了"合理设计、不合理使用"的口号,其设想是:随着生产力的快速发展,居住水平很快就会提高。由于住宅寿命较长,所以应按远期的标准设计,标准过高的住宅暂时由几家合住,随着社会主义的发展这种不合理的情况很快就会结束。"合理设计、不合理使用"使得在标准设计引进初期每套住宅的面积标准都远远高于当时的实际居住水平,必须几家合住一套住宅,产生了严重的家庭间和家庭内的相互干扰问题。也正因为如此,才使在1980年代住房改革初期,住宅"套型"成为了一个关键词(参见"套型")。

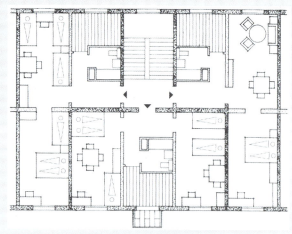

3.学苏的222式住宅标准设计——实际使用中每个房间都是卧室
(资料来源:华揽洪.重建中国——城市规划30年.北京:三联书店,200)

街坊

有别于我们通常所说的"街坊",在1950年代"街坊"意味着一种来自苏联的、全新的、象征着社会主义城市生活的居住区,也就是所谓:学苏周边式街坊。这种设计手法使住宅建筑群在城市道路围合成的一个街区内呈周边式布局,并具有明显的轴线对称特征。在新中国成立后的"一五"时期,学苏式街坊与建筑设计中的"社会主义现实主义"一起从苏联引进中国。现代建筑与城市理论中并没有周边式街坊理论渊源的详细考察,这种设计手法很有可能是对俄国古典主义城市肌理的继承。在那个时代建立的所有社会主义国家中,或多或少都存在着这种利用古典主义的纪念性来歌颂社会主义国家的倾向,在公共建筑设计中表现得尤为明显。因此,在这个时期的城市居住建筑群的规划设计中,纪念性构图的重要性远远大于实际的生活需要,对周边式街坊感到新奇、陌生的新中国更是如此。在新中国成立初期,这种来自苏联的规划设计手法成为了中国新的社会主义城市居住区的象征。

1957年之后,随着对于建筑中过多装饰性的批判,建筑师开始反思学苏的周边式街坊与中国实际居住需求的不符。1957年汪骅发表在《建筑学报》上的"关于居住区规划设计形式的讨论"一文集中地讨论了周边式街坊带来的日照、通风、转角房间、与地形匹配等问题。自此之后,周边式街坊就很少在城市居住区建设中被采用了。

由于学苏周边式街坊集中的出现在新中国成立初期的几年里,与中国式大屋顶(参见"社会主义内容、民族形式")一起成为了那个时代新中国城市与建筑的历史象征。这些街坊往往位于"一五"计划时期重点城市的新兴工业化郊区,例如:洛阳的涧西区、西安的纺织城和沈阳的铁西区。由于其强烈的形式感,在空中俯瞰中国城市的时候很容易被辨识。目前我国1949之后的建筑还没有明确成为历史建筑保护的对象,在近年来的城市开发中,一些此类街坊已经被新建的高楼大厦取而代之,这种极具历史意义的城市肌理与环境正逐渐从中国城市中消失。

4.莫斯科的城市肌理——街坊思想的来源(图片来源:Google Earth)

5.洛阳涧西工业区的居住街坊(图片来源:Google Earth)

6.西安纺织城的居住街坊(图片来源:Google Earth)

小区

7. 上海的曹杨新村鸟瞰
（资料来源：《中国现代城市住宅1840~2000》）

1957年开始，苏联的完整居住"小区"规划思想被引进，北京市的城市总体规划正式提出以30~60hm²的"小区"来组织城市居民生活的基本单位，中国城市中出现了完整建设的居住小区。此前的城市居住区建设由于没有经验，在生活配套服务设施方面考虑不周全，往往造成很多问题，小区思想的进步主要在于开始强调城市居住区功能的完整性。此外，小区还被赋予了意识形态的色彩，被认为是社会主义意识形态在城市社会结构上的体现，如"城市住宅区的规划与建筑"一文所指出："社会主义大城市中，应按照小区来组织人民的社会政治生活，配置相应的社会主义文化教育和生活供应等方面机构的完整服务系统"。事实上，除了被刻意强调的意识形态因素、居住区与城市行政组织系统配合的特征，小区规划与西方的邻里单位思想并没有很大的区别。例如：上海的曹杨新村在1955年就曾因为体现了邻里单位思想而受到批评，但是到1957年，随着8个村(小区)相继建成，曹杨新村又被认为已经形成了一个完整的居住区(参见本期"中国住宅60年——北京夕照寺小区")。

矮小窄薄、干打垒、简易楼

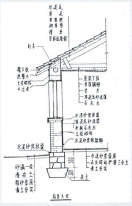

8. 干打垒住宅平面

9. 干打垒外墙剖面

10. 北京的一处简易楼
（资料来源：《中国现代城市住宅1840~2000》）

矮小窄薄、干打垒、简易楼代表了中国住宅发展中的非理性倾向，它们共同的特点是：认为住宅属于国民经济中的次要领域，必要的时候应该为其他方面的发展作出让步和牺牲。大跃进和文化大革命时期，在这种思维下，几度出现了将住宅标准降低到极致的做法，其结果就是出现了一批被称为"矮小窄薄"、"干打垒"和"简易楼"的住宅。

矮小窄薄：1958年2月2日，《人民日报》发表社论"我们的行动口号——反对浪费、勤俭建国"；5月24日，《人民日报》又发表社论"城市建设必须符合节约原则"。配合经济建设"大跃进"的形式，城市住宅设计中又一次出现了不顾一切、片面节约的倾向。"大跃进"时期住宅建设中提倡节约的主要目的是：降低每平方米住宅的造价，减少使用钢材等紧缺材料。因而，与当时冶金业、农业等行业浮夸产量的情况相反，住宅建设出现了竞相压低住宅造价与标准的局面。由于不顾安全，盲目降低住宅建筑主要构件的数量和标准，使这个时期的住宅质量低、标准低，后来被归纳为"矮、小、窄、薄"住宅。

干打垒：1960年，正当3年困难时期，中国开始在东北地区开发大庆油田。由于材料、运输等的困难，加之气候条件恶劣，大庆的住宅采用了当地干打垒墙体的构造，并加以改进。平面为每户两居室，由厨房进门，火墙采暖，解决做饭和供暖问题。在短时间内，以低廉的代价基本满足了居民生活各方面的需求。此后，大庆的干打垒住宅作为成功经验向全国推广，"干打垒精神"成为了学习的榜样。在此影响下，各地都出现了当地的低标准住宅。从此，又开始了住宅建筑降低造价的风潮。

简易楼：1965年，毛泽东号召展开设计革命突破既有规范，不顾一切降低标准再次获得了政治上的先进性。1966年3月21日至31日，中国建筑学会在延安举行了第四届代表大会及学术会议。会议总结提出"这次会议突出了政治，打破了过去就学术论学术的框框，坚持发扬延安精神，贯彻民用建筑设计的大庆'干打垒'精神，认真交流了低标准住宅、宿舍设计的经验"。因此，在文革初期建了一批简易楼。简易楼有内廊式和外廊式两种，由走廊将一个个房间连接起来，住户一般在走廊上做饭，厨房和厕所集中设置，在一些极端情况下甚至不在楼内。

居住面积系数（K值）

从引进苏联标准设计开始，住宅都是按照居住面积分配的，住宅建设的指标、投资规模、居住水平等都是按照居住面积计算的，因此在住宅设计中一度非常强调居住面积系数（K值）。所谓"居住面积"就是一套住房中专供居住用的房屋面积，与其对应的是"辅助面积"——厨房、厕所、走廊等生活服务设施的面积。居住面积系数就是居住面积占建筑面积的比例：

居住面积系数(K值)=住宅居住面积/住宅建筑面积

在计划经济时期，为了节约住宅投资，住宅设计必须加大居住面积并尽可能压缩辅助面积，因此K值的控制变得非常重要。由于人均居住面积水平非常低（参见"合理设计不合理使用"和"住宅设计/分配标准"），因此在很长时期里居住面积等同于一套住房中的卧室面积，客厅和餐厅的概念是不存在的。进入1980年代，随着住宅标准的提高，厅在住宅中的地位越来越突出，甚至还一度出现了"居住面积中是否包含厅"的讨论。此后，居住面积系数（K值）逐渐退出了历史舞台，成为了计划经济时期中国住宅的一个特殊记忆。

人民公社大楼

1958年在中国农村开始的人民公社运动很快波及城市。由于人民公社被认为是城乡结合、工农结合的社会组织形式，所以这场从农村到城市的移植在观念上并不存在任何障碍。1958年11月到12月召开的中共中央八届六中全会正式提出："城市人民公社将成为改造旧城市和建设社会主义新城市的工具，成为生产、交换、分配和人民生活福利的统一组织者，成为工农商学兵相结合和政社合一的社会组织。"

人民公社思想建立在马克思主义对于大城市的认识之上。由于认为资本主义生产方式是造成城乡矛盾、大城市病的根源，因此，社会主义社会中城市与农村应该相互融合。人民公社被认为是带有共产主义色彩的、消灭城乡差别的社会组织形态。1958年的北京市城市总体规划就是按照人民公社思想编制的，规划强调向共产主义社会的过渡，消灭"三大差别（即城乡差别、工农差别和体力劳动与脑力劳动的差别）"。这个规划正式提出，城市居住区的组织应该按照人民公社化的原则进行。

截至1960年7月，中国城市中出现了1000多个人民公社组织。现在看来，城市人民公社规划中体现着一些很有意思的设想，例如：反对严格的城市功能分区、城乡交融、妇女解放和家务劳动的社会化。虽然声势浩大，但是实际建成的城市人民公社很少，在北京严格按照城市人民公社原则建设的大楼只有几座（如崇文区城市人民公社大楼），目前大多已经被拆除。

11.北京崇文区的人民公社大楼
（资料来源：《中国现代城市住宅1840~2000》）

住宅工业化

"一五"计划时期(1953~1957年),由于经济的快速工业化带来了大量的基本建设任务,而建筑设计、施工技术人员相对短缺,于是国家开始提倡在住宅建设领域走工业化之路。标准设计方法的引进加快了设计速度,以配合基本建设工作,当时提出了"三化一改"的方针,即"设计标准化、构配件工厂化、施工机械化"和"墙体改革",采用装配式大板、框架轻板、大型砌块、大模板现浇4种体系代替砖混结构建造住宅。20世纪90年代国务院八部委联合启动了"小康型城乡住宅科技产业工程",并将其列为重中之重的科技项目,大力强调科技在住宅建造的推广,重视住宅部品化的建设,特别是厨房卫生间的整体化系列化配置。1996年分别颁布《小康住宅规划设计导则》和《住宅产业现代化试点工作大纲》,1999年国务院发布了《关于推进住宅产业现代化提高住宅质量的若干意见》(国办发[1999]72号)文件,作为纲领性文件明确了推进住宅产业现代化的指导思想、主要目标、工作重点和实施要求。虽然,60年的住宅发展中,住宅工业化一直是中国住宅政策的一个重要方面,但是由于投入少、时间短、意识形态的干扰以及大量廉价劳动力的存在,总体来说,中国住宅的工业化与发达国家水平相比还存在巨大的差距。

住房设计和分配标准

新中国成立以来,我国一直采用福利制的住宅分配方式,国家投资建房并无偿分配给职工,在住宅投资有限且人口多的情况下,严格限制住宅的面积标准是缓解住房紧张的重要措施。因此,国家一直对住宅标准有明确的规定,也做过多次调整。"一五"期间,受苏联影响,以远期使用9m²/人的标准进行设计,但分配时要几家合住一套房子,使用十分不便(参见:"合理设计,不合理使用");1959年,住宅设计标准做了调整,当时建工部提出"分等分区,远近结合(以近期为主,适当照顾远期)"的方针,将居住标准压缩到4m²/人,在这样的低标准下,出现了一些小面积住宅和内楼梯、内天井住宅;1966年建工部"关于住宅宿舍建筑标准的意见"提出:每人居住面积不大于4m²,每户居住面积不大于18m²,由于片面追求低造价指标,贯彻"干打垒"精神,有的住宅甚至连墙面抹灰都省去了;1973年,国家建委颁发《对修订住宅、宿舍建筑标准的几项意见》,规定:住宅平均每户建筑面积34~37m²,严寒地区36~39m²。

"文革"结束后,情况有所好转。1978年,国家提高了住宅标准,"每户建筑面积一般不超过42m²,如采用大板、大模等新型结构,可按45m²设计。省直属以上机关大专院校和科研单位的住宅,标准略高,但每户平均面积不得超过50m²。"按照这个标准,经过3年多的建设,多数地区反应标准仍偏低。于是,在1981年,国家再一次提高了居住标准,规定了四类不同的住宅标准以适用不同居住对象:一类住宅42~45m²,适用于厂矿企业职工;二类住宅45~50m²,适用于一般干部;三类住宅60~70m²,适用于中级职称的知识分子和正副县级干部;四类80~90m²,适用于高级知识分子和厅局级干部。值得一提的是,在这次规定中,特别强调了住宅标准的规定只是设计和建设的标准,而非分配标准,反映了当时的住宅紧缺状况和国家对建设高标准住宅的担忧。另外,传统体制下"官本位"的住宅分配模式也可见一斑。国家的担忧是有道理的,高标准住宅有失控的趋势,领导干部们的新建住宅面积越来越大,于是,1983年国务院下发了《关于严格控制城镇住宅标准的规定》,重申在经济能力有限,且严重缺房的情况下,住房只能是低标准的。

可以说,计划经济时期,住宅标准的起伏波动直接影响着中国住宅的发展。20世纪90年代以后,随着对公有住房体制的改革,市场成为住房供应和交换的主体,对于商品住房而言住房标准逐渐弱化,但是在住房分配货币化、公务员住房、安居工程/经济适用房等带有国家干预特点的住房供应和分配中,住房标准仍然发挥着作用。

住房私有化／商品化

住房私有化和商品化是中国住房改革的两个重要方面：私有化是针对住房保有形式的改革，包括了对计划经济时期的公有住房的私有化和此后新建住房主要采取出售形式以形成私有权两个方面，住房私有化政策的起点是1982年在常州、郑州、沙市和四平进行的住房出售试点；商品化的改革针对的是住房的供应方式，从以往国家负责的公有住房建设体制过渡到由住房市场来提供住房。住房供给商品化的标志是1988年的宪法修正案确立了土地使用权的商品属性，从土地供给源头上奠定了住房商品化的基础，同年，中国第一个真正意义上的商品房小区深圳东晓花园在深圳竣工，当时售价1250元/m²（参见"中国住宅60年——中国土地第一拍"）。

私有化和商品化作为中国住房改革的主要目标，奠定了此后一系列房改政策的基调。但是，由于单一地推行住房私有化，住房可承受性成为了巨大的问题，带来了延续至今的各种形式、或明或暗的单位住房补贴（尤其是国有部门）、难以奏效的经济适用房和两限房，以及"9070"等一系列的特殊现象。这表明随着改革开放后社会经济条件的复杂化和多元化，特定社会阶层的住房（尤其是低收入住房）是无法按照私有化和商品化原则执行的。

业主委员会

随着我国商品化住宅体系的确立，相应产生了业主委员会、物业管理公司等机构，来管理、经营、服务日常运转的住宅小区。业主委员会的宗旨是代表业主的利益，与物业管理部门共同参与小区管理，互相沟通、求同存异，服务小区。

1991年3月22日，中国第一个业主委员会——深圳万科天景花园业主委员会成立暨第一次委员会例会召开。天景花园业主委员会的尝试最终获得了政府主管部门的认可并加以借鉴，1994年6月18日，我国第一部物业管理法规《深圳市经济特区物业管理条例》颁布，其中对业主委员会的地位予以立法。

但随后很长一段时间，业主委员会开始逐渐背离或者说很难企及它的初衷——共同管理，大多数的业主委员会为了维护自己应有的权益而开始奋起抗争，并最终形成了一股与开发商、物业管理公司相对立的民间力量，甚至一度成为了维权的代名词。

从"和谐共管"到维权、自治，业委会的十几年，是一场痛苦的嬗变。从中折射出的是法制建设的加速、公民意识的觉醒和社会的进步。

中国"物业"第一法

1994年6月18日，深圳市人大常委会通过了《深圳经济特区住宅区物业管理条例》，这是全国第一部地方性法规。1994年11月1日，深圳市人大常委会修订后正式颁布。从此，中国正式确定了物业管理在房地产行业中的法律地位。

2003年6月8日，国务院颁布了《物业管理条例》（2003年9月1日正式施行）。

《深圳经济特区住宅区物业管理条例》不仅是全国第一部地方性法规，还是全国第一部物业管理的法律文件，对全国物业的发展有举足轻重的作用。

由于历史局限，应该说这部条例存在很多让人不满意的地方，但它取得的社会效益和示范作用却是开创性的。现在，物业管理已经发展成为一个巨大的产业，据有关资料显示，目前国家共有物业管理公司3万多家，从业人员300多万人，年产值已达到1000亿元。

住房公积金

在计划经济时代，住房开支不包括在工资之内。因此，在中国住房市场化、商品化的过程中，住房可承受性的问题格外严峻。为了顺利进行城镇住房制度改革，提升家庭住房支付能力，政府参考国外（如新加坡）很多成功的做法，引入了住房公积金制度，所谓住房公积金，就是职工、单位各按照职工工资的一定比例，按月缴纳一笔钱存入银行公积金管理中心的专用帐户，归职工个人所得和使用，可用于买房、自建住房等。

从市场观点看，住房改革中资金不能实现良性循环的最大障碍是住房资金的有效需求和有效供应同时不足。有效需求的不足是因为长期的福利分房和低收入造成住房消费的低靡，这有待于多方面体制改革的深化；有效供给的不足是国家无法独立承受规模庞大的住宅建设的压力。而住房公积金制度的实行，就是为了扩大资金的来源，提高住房资金的有效供给。

居住区千人指标

自1950年代后期从苏联引进小区规划之后，千人指标就成为城市居住区规划中一个重要的概念，直接影响到家庭的生活质量。所谓千人指标主要指的是居住区公共服务设施的配套建设以每一千个居民所需的建筑和用地面积作为控制指标，给出居民日常生活需要的公共服务设施的配建面积，如托幼、医院、商业等等，简称千人指标。现行的千人指标是综合分析了20世纪90年代不同居住人口、不同配建水平的已建居住区实例，并剔除了不合理因素和特殊情况后制定的。

不过，由于快速的城市化和房地产开发规模的加大，在大城市周边开始出现数十万人口的超大型居住区。在这种情况下，由于缺乏相应的公共配套设施规划标准，仍将城镇级规模的居住区按照一般居住区对待，套用千人指标，也造成了此类超大型居住区公共服务设施严重不足的问题（参见"郊区化/郊区住宅大盘"）。

套型

在计划经济时代，我国人均居住面积低，家庭居住成套率小。至1977年底，190个中国城市的住房水平为人均居住面积3.6m^2，低于1949年解放初期的人均4.5m^2。1985年~1986年，在全国范围内的房屋普查表明，城镇住房中成套的住宅仅为总数的24.29%。

20世纪80年代，在住房商品化政策的引导下，居住区规划与住宅设计打破了原来计划经济体制的约束。为了提倡更高的居住文明标准，在面积标准上引入了"套型"的概念，要求设计功能好、一户一套的住宅，除必要的分居室之外，应当有独用的厨房、卫生间及相应的设备，如淋浴、煤气、采暖设备等。套型的概念是对住宅划分不同功能空间的肯定，这意味着人们日常生活对不同功能空间的要求越来越高，而且，不同家庭对功能空间的划分也有不同需要。继1985年中国住宅建设技术政策规定住宅按照"套型"设计之后，1987年出台了住宅设计规范，其中规定："住房应按套型设计。每套必须是独门独户，并应设有卧室、厨房、卫生间及储存空间。"按不同使用对象和家庭人口构成设计的套型分为小套、中套、大套，其使用面积应不小于以下规定："小套18m^2，中套30m^2，大套45m^2。"

中国住宅从计划经济时期按照平方米分配和按间分配，到20世纪80年代开始强调独门独户、功能完整的"套型"设计是一个巨大的进步。

廉租房

1998年，与经济适用房同时出现在住房供应改革计划上的还有廉租房，其目标人群设定为最低收入的城市家庭。

其是指政府以租金补贴或实物配租的方式，向符合城镇居民最低生活保障标准且住房困难的家庭提供社会保障性质的住房。廉租房的分配形式以租金补贴为主，实物配租和租金减免为辅。我国的廉租房只租不售，出租给城镇居民中最低收入者。

但是，在具体实施中，廉租房远远没有获得与经济适用房同等的重视。责任不清、资金来源缺乏等问题使廉租房制度建设一直没有实质进展。对于地方政府而言，由于土地出让采用招标拍卖，廉租房建设会减少地方政府的土地出让金收入，无益于财政和政绩。

2006年，在商品价格飞涨、经济适用房建设制度被广为质疑的背景下，要求加强廉租房建设的呼声越来越高。该年国务院颁布条例要求地方政府将土地出让净收益的部分按一定比例用于廉租住房制度建设，并为参与廉租房建设的开发商提供银行信贷便利。从目前的实践来看，现有的廉租房数量未能覆盖所有符合标准人群。由于标准过低，大量被排斥在租住标准之外的人群仍然没有合适的住房解决途径。

小产权房

"小产权房"并不是一个法律上的概念，它只是人们在社会实践中形成的一种约定俗成的称谓。其是指一些村集体组织或者开发商打着新农村建设等名义出售、建造在集体土地上的房屋或是由农民自行组织建造的"商品房"。按照土地法规定，只有城市国有土地通过土地使用权转让而建成的住房才能拥有合法的产权，因此"小产权房"是非真正法律意义上的产权，其命运未卜。2009年8月，交付使用刚刚两年的济南小产权房楼盘"格林小镇"被拆除。

但是，和一般意义上的商品房相比，"小产权房"没有土地出让金概念，也没有疯狂的利润攫取，所以，"小产权房"的价格，一般仅是同地区商品房价格的1/3甚至更低。"廉价"是大量城镇居民顶着产权风险购买"小产权房"的根本原因。客观上"小产权房"不仅让一部分城镇居民买到了廉价的住房，而且可以起到平抑城市商品房价格的作用。有统计称，目前北京在售楼盘中，小产权楼盘约占18%。实际上对于小产权住宅隐含的各种潜在风险，大部分购买者早有了解，但由于"小产权"与"大产权"之间巨大差价的诱惑，小产权房的继续热销仍然势不可挡。

城市住宅试点小区工程

20世纪80年代中后期，随着居住水平的不断提高，住宅区综合开发逐渐成为城镇住宅建设的主要形式，对完善居住区和住宅的使用功能提出了进一步的要求。在这种背景下，1986年国家开始了"城市住宅试点小区工程"，突出以人为本的思想。

城市住宅试点小区工程的开始是中国住宅建设的里程碑。国家经委将实验住宅小区的开发列为"七五"期间50项重点技术开发项目之一，委托建设部实施，选定了无锡、济南、天津3个城市，分别代表南、北和过渡地区的特点。试点总数近500个，分布在全国大、中、小城市。"试点小区"强调了延续城市文脉、保护生态环境、组织空间序列、设置安全防卫、建立完整的配套服务系统、塑造宜人景观等方面的要求，从规划设计理论、施工技术及质量、四新技术的应用等方面，推动我国住宅建设科技的发展。

安居工程／经济适用房

在中国经济改革进程中，中国房改的目标是分配机制上的私有化和供应机制上的市场化，最终达到使政府彻底退出对住房问题的干预。但随着我国经济的发展，因家庭收入不同而出现消费能力分层。高房价和低工资将绝大多数城市人口排除在新兴的商品住房市场之外，为了解决住房可承受性问题，政府建立了一系列被补贴的、享受特殊政策的私有住房供给。

1995年的安居工程是一个起点。其是以建设平价住宅为主，重点解决城市居民及国有大中型企业职工的住房困难问题，加快解危解困、改善居民住房条件而进行的住宅建设项目。安居工程住宅以建设成本的价格或房改方案中规定的价格向城市中低收入的住房困难户出售。这里所谓住房困难户是指人均居住面积在4m²(含4m²)以下的住宅拥挤户、居住不方便户或无房户。因此，安居工程中的住宅建设是不能盈利的，所以不算商品房，和经济适用房不同。1995年安居工程政策出台，计划自1995年～2000年，建设总规划面积1.5亿m²的"安居房"。但是，由于建设资金主要由地方财政承担，政策出台后，一直未能顺利推行，逐渐被经济适用房政策取代。

1998年安居工程被经济适用房政策取代。其主要变化是，住房供给对象从城市住房困难户转向了更广泛的城市中低收入阶层；从价格上看，安居工程是非营利的成本性住房，经济适用房则是利润控制在3%的微利商品房；而最重要的变化是，安居工程的供应主体是地方政府，而经济适用房是以房地产开发商为主导、政府辅以优惠的土地供给和税费减免政策，通过市场化来供应的，使政府摆脱了直接供应住房的责任，解决了安居工程建设资金不足的问题。

在经济适用房执行过程中，政府退出直接住房供给的主要问题是：无法对商品化住房实施严格的标准控制。由于利益诉求的不同，开发商以快速回收成本实现盈利为目标，显然更倾向于减少土地的住房户数、增大住房单元的面积，这使得经济适用房在事实上更适合收入较高、购买力较强的家庭，因此北京曾一度出现每户200～300m²的经济适用房。因此，此后的政策调控重点转向了提倡小面积住房，从而控制住房总价（而不是单价）在中低收入家庭的可承受范围之内。例如：2006年的"9070"政策规定："自2006年6月1日起，凡新审批、新开工的商品住房建设，套型建筑面积90m²以下住房面积所占比重必须达到开发建设总面积的70%以上"。2008年北京市出台了"两限房"政策，限制特定项目的销售价格、套型面积和销售对象。以上种种都是针对经济适用房不够"经济"所采取的弥补措施。

种种迹象表明，在这阶段，住房改革需要摆脱私有化和市场化局限，政府需要重新明确干预社会住房的责任与方式，找到属于中低收入阶层的私有化之外的住房解决途径。

韩旭画

小康示范工程／国家康居示范工程

20世纪90年代初，随着社会主义市场经济理论的建立，房地产业出现了空前的增长，建筑形式、小区规划、物业管理、社区营造、生活理念等方面都成为房地产开发努力探求的"卖点"。配合住宅产业现代化的方针，继"城市住宅小区试点"之后，国家又提出了"城乡住宅小康示范工程"、"国家康居示范工程"作为探索住宅产业现代化的具体应用。

小康示范工程是国家重大科技产业工程项目、国家"九五"重点科技攻关项目《2000年小康型城乡住宅科技产业工程》的一个组成部分，是研究成果的转化和示范平台。从1996年～2001年，全国建设了50多个小康住宅示范小区，在规划设计理念创新、新技术应用方面的示范效果显著，对全面提高住宅质量、推进住宅产业现代化起到了积极的作用。

为了依靠科技进步，推进住宅产业现代化，进一步提高住宅质量，促进国民经济增长，建设部于2000年决定实施国家康居示范工程。要求以住宅小区为平台、以经济适用房为重点、以科技为先导，开发、推广应用住宅新技术、新工艺、新产品、新设备，逐步形成符合市场需求及住宅产业化发展方向的住宅建筑体系，推进住宅产品的系列化开发、集约化生产、商品化配套供应。

绿色建筑／绿色住区

2001年，建设部颁布了《绿色生态住宅小区建设要点及技术导则》

2001年，全国工商联房地产商会推出了《中国生态住宅技术评估手册》，后更名为《中国生态住区技术评估手册》

2005年，建设部与科技部联合编制了《绿色建筑技术导则》

2006年，建设部与国家质量监督检查总局联合编制了国家标准《绿色建筑评价标准》

2007年，建设部编制了《绿色建筑评价技术细则》

中国《绿色建筑评价标准》中明确定义"绿色建筑"为在建筑的全寿命周期内，最大限度地节约资源（节能、节地、节水、节材），保护环境和减少污染，为人们提供健康、适用和高效的使用空间，与自然和谐共生的建筑。这个定义在"全寿命周期"的范畴内，强调了资源使用、人居环境质量、人与自然关系三个方面的平衡关系。

国外的绿色建筑评估系统，都不是仅仅针对居住区的评估系统，而是面向一个相对完整的城市开发单元。我国绿色建筑评估系统虽然涉及到一些住区的内容，但是容纳不下更为广泛的学科范畴和思考背景，"绿色住区"需要一个专门的评估系统。

目前市场对"绿色住区"认识还比较浅显，学界和政府也没有对"绿色住区"界定具体内涵。但从"绿色建筑"到"绿色住区"的发展依然是我国城乡建设科技政策鼓励方向，更好的居住品质不仅仅停留在住宅内部，而将是与城市的和谐共生。

住宅标准化／住宅产业现代化

从一五时期开始，住宅标准化与工业化就一直是中国住宅发展的目标。在学习苏联实行设计标准化的同时，发展了砌块住宅、装配大板住宅、大模板住宅等多种住宅体系，但是由于住宅一直属于国民经济中的次要领域，成效并不显著。经过近30多年的住宅改革，我国住宅建设成就显著。但是，住宅建设的工业化程度和劳动生产率都比较低，各种消耗相对较高。在国家提出经济增长模式从粗放型向集约型转变、改善产业结构、通过住宅拉动内需的背景下，建设部在1996年颁布了《住区产业现代化试点工作大纲》和《住宅产业现代化试点技术发展要点》，走住宅产业现代化的道路已成为必然趋势。

郊区化／郊区住宅大盘

郊区化是指城市人口、商业服务部门、事务部门以及大量就业岗位等从城市移出，分散到郊区的过程。美国是世界上城市郊区化程度最高的国家，其郊区化自20世纪20~30年代开始，20世纪60年代出现快速、大规模郊区化，其背景是城市中心区地价昂贵、交通拥挤、居住人口密集、环境质量恶化，此外，小汽车的普及也为郊区化提供了可能，使城市中上阶层开始移居到市郊或外围地带。

随着我国经济的发展，在沿海一些发达的特大城市，开始出现"郊区化"趋势。中国的郊区化与发达国家的郊区化不同，其特征是市中心区与郊区平行发展布局，并且与中国开发商在郊区大量圈地建超大型社区有紧密的关系。近年来，由于城市中心区土地资源的短缺和资金压力的增大，一些房地产开发商在城市近郊大量圈地，开发城郊大型和超大型住区，这些住区已经超越了传统意义上的居住小区的概念，不论从尺度上还是从容纳的人口以及对外的交通系统等方面，形成一个"小城市"，或"卫星城"。

开发商"造城"，一方面可以系统、持续地营造社区环境，另一方面，却缺乏"城"的历史孕育和多样性兼容。真正的城市不是建筑，新城也不是一个短期建设项目，如果缺乏对于其深层次社会含义的理解，那么就很可能产生一个五脏俱全却没有思想的行尸走肉；如果它在发展中没有孕育自己的生命，获得居民对居住区域作为精神家园的认同，那么新城必然在历史的发展中萎缩，甚至被抛弃。

欧陆风与中式住宅

我国过去的住宅设计注重经济性和实用性，仅考虑美观，而几乎不考虑风格。20世纪90年代初开始，随着市场经济和住宅商品化的发展，个人消费观念开始注重品味、情调、尊贵、身份地位标志等，并影响到住宅设计领域。欧洲古典建筑的元素和设计手法成为最方便和直接的"拿来主义"，大量使用在住宅外观装饰上，被称为"欧陆风"。

"欧陆风"没有特定的具体界定，也并非是对形式的精确要求，只是对西方古典风格的泛指，是一种异国情调和中国多层或高层住宅形式的结合，以形成新颖的景观效果，迎合购房者的某种心理需求。这种风格住宅大多是通过采用西方建筑的色彩、柱式、线角、古典装饰、屋顶形式等来体现"欧陆风"，模仿的效果也千差万别。

在现代住宅中体现中式住宅风格或民族特色一直是建筑界的理想。随着经济的发展，传统文化价值理念逐步回归。近年来，传统建筑符号开始应用在新建住宅中，表现较强的传统建筑特征，有的则尝试用现代的材料和设计手法表达传统居住文化，称"新中式住宅"。中式住宅在低密度住宅中体现较多，表达传统居住空间特点，并强调与"园"的结合，在高层、多层住宅中则通过材料、色彩、装饰以及环境设计，突出传统。

对住宅而言，不论是"欧陆风"还是"中式风"，形式只是一个躯壳，空间、行为方式和精神气质才是内核。所谓的风，如果只是停留在表皮的符号变化，这种风就是"人造形式"，是毫无意义的，因为设计从根本上说是要解决问题的，居住建筑更是要满足现代生活的需求。

住宅设计偷面积

在住宅商品化后，住宅设计领域有一个令建筑师不得不面对的问题"如何偷面积"？这是开发商面对市场竞争，为提升产品附加值而常常采用的手法。

偷面积即利用建筑面积计算标准的空隙，在建筑设计中设计可以不计算或减半计算面积的空间，通过赠送面积或提高销售价格，达到房地产促销和提高开发利润的目的，特别是2006年"9070"政策出台限制住宅面积后（参见"安居工程/经济适用房"），偷面积的现象非常盛行。

偷面积的做法一般有以下几种：一是增加层高，住户可自行增加阁楼；二是利用低于"2.2m以下空间不计入建筑面积"的规定，采用凸窗、送地下室、送夹层等方式；三是利用阳台面积减半计算，设计大阳台或"户内花园"，以便封闭作为房间；四是利用平台（无顶盖）不计入建筑面积，销售后自行改造为居住空间；五是将公用面积私有使用，如消防连廊分割后成为独立的阳台、采用电梯直接入户的做法将电梯等待区改为私人空间。

偷面积是满足消费者占便宜求实惠的心理，且往往随法规的改变而改变。设计师花费大量精力在这种非建筑本质的工作中，这种趋势对住宅本身的进步没有益处。

客户会

1998年8月，为了解决企业邮寄广告问题的万科地产，在深圳创立了全国地产企业的第一个真正意义上的客户会。万科的这一创举，给深圳地产带来了深远影响，使"客户会"这一形式在深圳广为流传，随后带来中国房地产市场客户服务系统的变革。一年后，专门为万客会会员创立的刊物《万客会》发行。目前的万客会会面向万科业主和社会各界，提供房产顾问和生活助理方面的服务。

2000年，招商地产建立客户会，与万科相比，他们选择的是另外一条道路：完全封闭式——只吸收招商自己的业主入会。

不管"开放"或者"封闭"，客户会最主要的功能仍旧停留在"服务"功能的层面。

中国客户会发展里程：

1998年8月，全国第一家客户会，深圳市万科房地产有限公司的客户会——万客会成立。

1999年，万客会会刊《万客会》创立。

2000年5月，深圳招商房地产有限公司招商会成立，会刊随即发行。

2001年年底，招商会和侨城会结成联盟。

2002年~2005年，深圳客户会进入快速成长期，有十余家客户会成立。

主题报道
Theme Report

中国住宅60年
60 Years of Chinese Housing

　　2009年是新中国成立60周年。从住宅的角度看，这短短60年里，从居住模式、住宅的建造方式、供应模式、分配模式、乃至人们精神层面对于居住问题的观念和理解都发生了巨大的变化。这个变化不是一蹴而就进入一个新的阶段，而是一个变动不居、不断摸索寻找符合时代精神和内容的住宅的过程。在这个过程中，特定的住宅与特定时代相关联、与一代人的成长经历相关联、与每个人人生中某一个具体的阶段相关联。如果说人塑造了住宅、住宅也塑造了人，那么这60年里，中国人居住的住宅经历了什么样的变化？各个历史阶段典型住宅的故事串联起来所塑造出的新中国的历史该是什么样呢？希望您能从本期"中国住宅60年"的主题报道中找到答案。

右图：北京崇文区的人民公社大楼
（资料来源：《中国现代城市住宅1840～2000》）

中国住区规划发展60年历程与展望
60 Years of Community Planning in China

赵文凯 开 彦 Zhao Wenkai and Kai Yan

[摘要]中国住区规划60年发展一直与社会、经济和政治体制的变革有着紧密的关系。在早期的20世纪50~60年代受西欧和前苏联的影响，邻里单位理论逐渐由扩大街坊演变成以小学半径为规划范围的小区概念。但是，在"先生产、后生活"原则下，住区规划发展几乎停滞。进入20世纪70~90年代社会经济复苏，在规划理论上形成居住区——居住小区——住宅组团的规划空间结构模式。试点小区、小康住宅的研究活动极大地推动了小区的模式发展。1998年商品房市场的推进使住区规划呈现了多样化、多极化和多品种的局面，居住环境和居住品质都有了极大的提高，具有中国特色的居住区规划理论和技术也获得了巨大的发展。

[关键词]中国住区规划60年、邻里单位、扩大街坊、小区、试点小区、小康住宅、商品房市场

Abstract: *Community Planning in China has been closely interwoven with social, economic and political changes. In the 1950s and 1960s, under the influence of Western Europe and Soviet Union, the neighborhood unit theory has gradually transformed from expanded neighborhood into housing district based on elementary school. However, under the doctrine of "producing first and living second", community planning was then stagnated. Entering the 1970s till 1990s, with the recovery of socio-economic conditions, a new theory of community planning was formed with a spatial hierarchy of three levels of housing districts. Since 1998, the development of commercial housing market has brought unprecedented diversity to Chinese housing, housing qualities have been significantly improved, and community planning theory and practice has been gained substantial development.*

Keywords: *Community planning, neighborhood unit, expanded neighborhood, housing district, commercial housing market*

前言

今年是中华人民共和国成立60周年，值此之际，回顾我国城市居住区的发展历程与成就是一件很有意义的工作。新中国成立后，住房建设一直是国民经济发展的重要组成部分，也是提高人民生活水平的重要标志，居住区的发展与社会发展水平、经济水平、技术水平、政策制度以及城市发展条件等息息相关，可以说，居住区的发展也见证了伟大中国社会经济的发展与变革。居住区规划在理论和技术手段上也随着国家的整体发展呈现出阶段性特征，从早期的邻里单位和扩大街坊逐步演变为完整的小区开发模式，市场化的运作机制又赋予了居住区规划的创新动力，使居住区规划理论更加成熟，技术手段更加丰富，也打造出越来越强的中国特色。中国是一个人口大国，也正处在城镇化的高速发展期，为我们提供了巨大的实践和创新空间，希望本文能提供一些思考和启示，使读者从中获益。

一、现代居住区规划理论的引入与早期实践（1949~1978年）

居住是人类基本的生存需求之一，人因其社会属性而聚居在一起，形成居住区。居住区的形态受到生产力水平、地理气候条件、家庭结构、建筑技术、文化传统和风俗习惯等因素的影响。工业革命后，城市内部的居住环境受到巨大威胁，19世纪末很多工业发达国家开始针对居住拥挤、日照通风不良、环境恶化、卫生设备落后等问题相

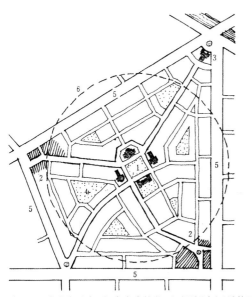

1.邻里中心 2.商业和公寓 3.商店或教堂 4.绿地（占1/10的用地）
5.大街 6.半径1/2英里
1.邻里单位示意图

2.雷德朋规划方案

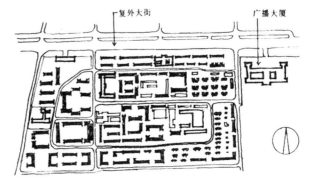

3.北京复外邻里

4.上海曹杨新村总平面

继颁布改善居住条件的法案，有关学者也开始寻求对策，逐步形成了现代居住区规划的理论。

1. 邻里单位理论及其在我国的实践

1929年美国社会学家克莱伦斯·佩里以控制居住区内部车辆交通、保障居民的安全和环境安宁为出发点，首先提出了"邻里单位"的理论（图1），试图以邻里单位作为居住区的基本形态和构成城市的"细胞"。邻里单位的基本特点有：城市交通不穿越邻里单位内部；以小学的合理规模为基础控制邻里单位的人口规模，使小学生不必穿过城市道路；邻里单位的中心是小学和生活服务设施，并结合中心广场或绿地布置；邻里单位的规模一般是5000人左右，占地约合65hm²。1928年C·斯坦因和H·莱特提出的美国新泽西州雷德朋规划方案是邻里单位理论的最早实践（图2）。在第二次世界大战后，西方各国住房奇缺，邻里单位理论在英国和瑞典等国的新城建设中得到广泛应用。

解放初期，百废待兴，亟待解决城市住房短缺和居住环境恶化的问题。随着封建式大家庭的解体，居住形态也由内向封闭型转变为外向开放型。由于缺乏经验，我国曾借鉴西方邻里单位的规划手法来建设居住区。如20世纪50年代初期北京的"复外邻里"和"上海曹杨新村"（图3~4），在组团划分、公共服务配套设施、节约土地等方面都反映出中国的国情，为我国居住区规划和建设开创了新的

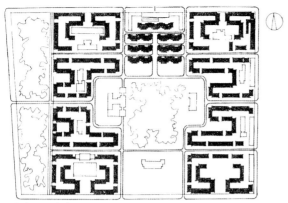

5. 北京百万庄小区

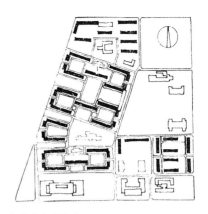

6. 北京夕照寺小区

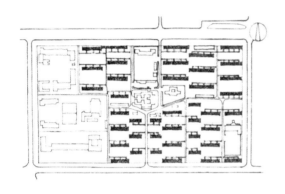

7. 北京龙潭小区

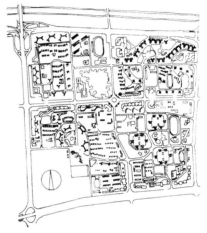

8. 北京方庄居住区总平面

局面。

2. 扩大街坊与居住小区理论的引入

在邻里单位被广泛采用的同时，前苏联提出了扩大街坊的规划原则，与邻里单位十分相似，即一个扩大街坊中包括多个居住街坊，扩大街坊的周边是城市交通，保证居住区内部的安静安全，只是在住宅的布局上更强调周边式布置。1953年全国掀起了向苏联学习的热潮，随着援华工业项目的引进，也带来了以"街坊"为主体的工人生活区。北京棉纺厂、酒仙桥精密仪器厂、洛阳拖拉机厂、长春第一汽车厂等都是街坊布置的翻版。20世纪50年代初建设的北京百万庄小区（图5）属于非常典型的案例，但由于存在日照通风死角、过于形式化、不利于利用地形等问题，在此后的居住区规划中较少采用。

20世纪50年代后期出现小区的概念，前苏联建设了实验小区——莫斯科齐廖摩什卡区9号街坊。小区与街坊的不同之处在于：组团内不设公共服务设施，具有更加安静的环境；打破了住宅周边式的封闭布局，不再强调构图的轴线对称；配套设施更加齐全，除学校、托儿所、幼儿园、餐饮和商店外，还建有电影院和大量的活动场地。

小区规划的理论一经传入我国即被广泛采用，1957年，在苏联专家指导下规划的北京夕照寺小区，占地15.3hm²，居住5000人，设有一套完善的公共服务设施，是我国早期的居住小区范例（图6）。

3. 居住小区理论的早期实践

从解放初期到改革开放之前，我国实行完全福利化的住房政策，住房建设资金全部来源于国家基本建设资金。住房作为福利由国家统一供应，以实物形式分配给职工。在计划经济时代，"先生产，后生活"成为城市建设的主导政策，一方面建设了一批"合理设计不合理居住"的大套型合住住宅，一方面大量出现简易楼、筒子楼，居住条件很差，住宅数量和质量都成为突出的矛盾。受国家财力制约，单一的住房行政供给制越来越难以满足群众日益增长的住房需求，居住条件改善进展缓慢，住房短缺现象日益严重，1949～1978年，我国的城镇住宅建设总量只有近5.3亿m²。

在我国计划经济条件下，居住区按照街坊、小区等模式统一规划、统一建设，虽然建设总量并不大，但在居住小区的理论指导下，全国各地建成了大量的居住小区，有代表性的小区有北京夕照寺小区、北京龙潭小区（图7）、北京和平里小区、上海蕃瓜弄、广州滨江新村等。经过不断地努力，形成居住小区——住宅组团两级结构的模式，有的小区在节约用地、提高环境质量、保持地方特色等方面作了有益的探索，使居住小区初步具有了中国特色。

二、住房制度改革推进期的住区规划体现时代进步（1979～1998年）

1979年改革开放以后，住宅建设与其他领域一样取得了长足的进步，逐步由国家"统代建"与单位建房相结合的模式转向房地产市场开发，建设量大增，城镇住宅建设从1979至1998年的20年共建约35亿m²，为新中国成立前30年建设量的7倍，1998年人均居住面积达到9.3m²，人民居住水平有了较大改善，但个人购房仍然较少。

1. 建设规模的扩大与居住区体系理论的发展

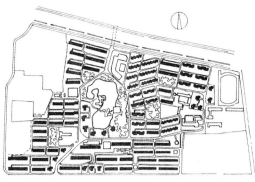
9.合肥西园小区

10.马鞍山珍珠园小区

11.上海康乐小区

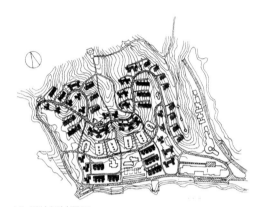
12.馒岭新村西区

13.北京恩济里小区

20世纪70年代后期为适应住宅建设规模迅速扩大的需求，"统一规划、统一设计、统一建设、统一管理"成为当时主要的建设模式，住宅建设规模达到80hm²以上，扩充到居住区一级。在规划理论上形成居住区——居住小区——住宅组团的规划空间结构。居住区级用地一般有数十公顷，有较完善的公建配套，如影剧院、百货商店、综合商场、医院等。居住区对城市有相对的独立性，居民的一般生活要求均能在居住区内解决。北京方庄居住区就是20世纪80年代居住区的典型代表(图8)。

2.试点小区推动住区品质的整体提升

进入20世纪80年代以后，居住区规划普遍注意了以下几个方面：一是根据居住区的规模和所处的地段，合理配置公共建筑，以满足居民生活需要；二是开始注意组群组合形态的多样化，组织多种空间；三是较注重居住环境的建设，宅间绿地和集中绿地的做法，受到普遍的欢迎。一些城市还推行了综合区的规划，如形成工厂——生活综合居住区、行政办公——生活综合居住区、商业——生活综合居住区等。综合居住区规划冲破了城市功能分区的规划理论，使居住区具有多数居民可以就近上班，有利工作、方便生活的特征。

1986年开始，全国各地开展的"全国住宅建设试点小区工程"，使我国住宅建设取得了前所未有的成绩。"试点小区"强调延续城市文脉、保护生态环境、组织空间序列、设置安全防卫、建立完整的配套服务系统、塑造宜人景观等方面的要求，从规划设计理论、施工技术及质量、四新技术的应用等方面，推动了我国住宅建设科技的发展。

这一时期的小区在规划上体现出以下特点：

(1)注重环境景观，结构清晰。小区试点要求住区有一定的规模，以便形成整体居住环境和完善的配套设施。在规划布局方面，强调结合周边环境，形成科学合理的多样化布局。很多小区的规划形态常以小区道路将用地均衡划分，组成多个组团，各组团围合一个公共绿地，被称作"中心型"(图9)；有的将小区入口、配套服务设施、绿地、标志性构筑物等连成一片，贯穿小区，形成"带状型"(图10)；也有将沿小区主路的几种空间，强调为几个景观节点，绿地和建筑小品群，形成"节点型"(图11)；有的小区规划结合地形特点，采用自由布局(图12)等等，从而创造出地域性强的空间形态和优美的居住环境。

(2)适应管理的需要。经过多年的试点，小区规划与建设积累了丰富的经验，形成了小区——组团的两级结构模式。由于组团规模均匀，管理合理方便，对应居民委员会建立相应的管理机制。有的小区从规划开始，就引入物业管理概念，规划设计要保证为物业管理及服务方面提供便利的条件(图13)。

(3)配套设施结合市场规律。随着计划经济向市场经济的转轨，小区的配套公共服务设施也更加重视市场规律的影响，这一时期的小区规划开始注意将商业、娱乐设施等布置在沿街，与小区入口结合，充分利用城市的人流，保障经营。

(4)延续城市文脉。作为城市的重要组成部分，小区规划设计比较重视与城市和环境条件的协调。在规划结构、功能布局、建筑形态等方面适应当地的气候特点、经济条件、环境条件等；并在建筑外观、

14. 合肥琥珀山庄

15. 重庆龙湖花园

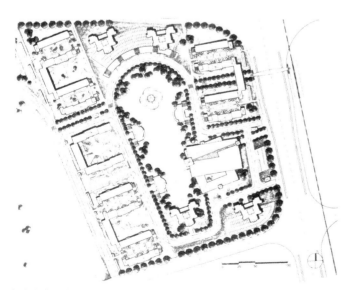

16. 上海浦东锦华小区

绿化及小品设计上使用传统建筑符号，延续城市文脉(图14)；更多地强调居住环境识别性，符合居民审美及行为心理要求。

3. 小康住宅试点确立了更高的住区标准

20世纪90年代开始的"中国城市小康住宅研究"和1995年推出的"2000年小康住宅科技产业工程"，为我国住宅建设和规划设计水平跨入现代住宅发展阶段起到了重要的作用。小康住宅在试点小区的基础上，表现出了新的特点：

(1) 打破小区固式化的规划理念。随着管理模式和现代居住行为的变化，强调小区规划结构应向多元化发展，鼓励规划设计的创新，而不再强调小区——组团——院落的模式和中心绿地(所谓四菜一汤)的做法，淡化或取消组团的空间结构层次，以利更灵活、多样地创造生活空间；

(2) 突出"以人为核心"。以人的行为规律、心理特点、生活细节为核心，把居民对居住环境、居住类型和物业管理三方面的需求作为重点，贯彻到小区规划设计整个过程中；

(3) 坚持可持续发展的原则。在小区建设中留有发展余地，坚持灵活性和可改性的技术处理，更加强调建设标准的适度超前，例如提出小康居住标准为人均35m²，绿地率提高到35%，特别对汽车停放作了前瞻性的策略，首次提出提高私人小汽车停车车位标准等；

(4) 突出以"社区"建设作为小区规划的深层次发展，配套设施更加结合市场规律。强调发展社区文明和人际交往关系，把人们活动的各方面有序地结合起来，体现现代生活水准的高尚小区。

1994年提出的"小康住宅10条标准"突出表现了面向21世纪发展的居住水准，也倡导建设能较好地体现居住性、舒适性和安全性的文明型大众住宅，同当时的普通住宅相比，要求使用面积稍有增加、居住功能完备合理、设备设施配置齐全，住区环境明显改善，可达到国际上常用的"文明居住"标准。"小康住宅10条标准"被认为是未来发展的方向，对引导住宅建设发展有重要的意义。2005年编制的"小康住宅居住小区规划设计导则"，作为指导小区规划设计的重要指导文件，对全国80多个小康示范项目进行了技术咨询、监督检查，通过项目示范，带动了全国居住区规划理念和方法的整体发展(图15～16)。

三、市场化成熟期的住区规划呈现多样性特征(1998～2009年)

1998年以后，住房制度由福利型分配转为货币型分配，个人成为商品住房的消费主体，需求多元化，投资市场化以及政府职能调整等因素促使居住区建设由政府主导转向市场主导，使得居住区规划呈现更加多样性的局面。住宅建设进入由"数量型"转向"质量型"住宅开发建设阶段。在居住区规划与住宅设计中，市场机制推进了"以人为核心"和"可持续发展"的规划设计理念，通过规划设计的创新活动，创造出具有地方特色，设备完善和达到21世纪初叶现代居住水准的居住环境。中国住宅建筑技术获得了整体的进步，住宅产业现代化也获得了进一步的提高。

在这一时期，社会、经济、制度变革是住区规划进一步发展的重要依托，我国住区规划理论与技术的更新表现出以下特征：

1. 住区选址向城郊扩展

随着房地产开发和旧城改造的推进，旧城区可用的土地越来越稀缺，并且土地价格和拆迁成本迅速攀升，从20世纪90年代中后期开始，城市住房建设大规模向郊区拓展。与此同时，随着小汽车迅速进入家庭，大中城市的高收入者获得了前所未有的活动半径，躲避城市喧嚣的诉求也推动了住房郊区化进程。许多大中城市划出大片郊区土地建造各类住房，如北京的回龙观居住区，广州的祁福新邨(图17)、华南板块，上海的春申城、三林城、江湾城、万里城，天津的梅江居住区；南京的江宁居住区等，都是在郊区发生的方兴未艾的造城运动。

17.祁福新邨全景

在郊区化过程中，经历了交通基础设施、公共服务设施、就业岗位相对滞后所带来的尴尬，一些城市新建居住区因规划面积过大、功能单一而成为"卧城"。不仅因生活配套缺乏，降低了居住生活的方便性和舒适度，而且每日早晚在市郊和市中心区之间形成的钟摆式交通，也加剧了城市的交通拥堵。近年来各地政府部门已开始关注，加强了政府调控和主导的力度，在政府规划的新的大型居住区中，这种现象已经有所改善。

2. 楼盘规模趋向于大盘化

近年来，随着一些房地产企业资金实力的提高，开发建设项目大盘化所具有的规模效应、配套水平、土地增值以及比较容易形成品牌等优势，使越来越多的开发企业趋向于开发大型楼盘。全国各大中城市几乎都出现过一家开发商一次征地上千亩用以建造住宅的情况。

18.北京天通苑居住区　　19.北京天通苑全景

在大型住区的规划中也出现了一些误区，由于缺乏与城市协调、融合的开发理念，而采用小区的规划手法来规划设计大盘，使本应分片规划的住区形成一个独立王国，其间拒绝一切城市道路穿过，既增加了居民出入住区的步行距离，又使城市路网变得过于稀疏，割裂了城市空间，不利于疏导交通。新城建设中，简单地采用大盘地产开发模式，虽然前期容易启动，但城市功能难以保证，导致新城镇建设机能残缺，地区发展难以为继。

目前，这种弊端已逐步被认识到，在住区规划中确保路网的完整和贯通、合理健全城市机能、控制配套设施服务半径等，已经成为城市规划管理部门、规划师、房地产商关注的要点，如北京天通苑居住区，保持了较密的路网，并建设轨道交通，同时加强了高等级公共服务设施的建设(图18～19)。

3. 居住环境质量成为住区规划的核心

住房制度改革使得购房者需求对规划设计的影响大为提高，个人需求价值取向改变了规划设计的价值取向。随着居民生活质量的不断提高，居民对居住环境越加重视，住区的规划设计也围绕环境做文章，有以下做法：

(1) 环境均好性。当代的住区规划已不再满足于传统的中心绿地——组团绿地的环境模式，而更加强调每户的外部环境品质，将环境塑造的重点转向宅间，强调环境资源的均享。同时要求每套住宅都有良好的朝向、采光、通风、视觉景观等条件(图20)。

(2) 弱化组团，强调整体环境。小区实行物业管理以来，居委会在居住生活方面的管理职能有所弱化，人们更加关注整体环境景观和邻里之间的交往问题。弱化组团使规划获得更大的灵活性，对环境资源可以有更好的整合。有的扩大中心绿地空间用地，在休闲健身功能和视觉欣赏方面更加丰富；有的强调院落空间作为居住区的基本构成单元，为居民提供更加亲近、安全的活动场所，塑造领域感和归属感。

(3) 精心处理空间尺度与景观细节。环境景观已经成为居住区的关键要素，景观设计成为居住区不可缺少的一环。在住区规划中强调人

20.北京万科星园

性化考虑和精细化处理，在空间尺度、环境设施、无障碍设计、材料运用等方面充分满足当前居住的需要，为居住带来新的价值。

4. 依靠科技，保护生态

为了创造良好的人居环境，人们开始关注环境的健康性和对自然生态的保护。许多小区在规划初期就注意保护和利用原有生态资源，如自然的地形、地貌、山体、水系和原生树木等，并且在环境建设中，加大植物种植的覆盖面积和保持足够的绿量，精心配置植物品种，提高住区的生态性和景观性；许多小区还注意利用适合当地气候的花草和树木，以保证植物的成活率并降低成本。在环境设计的内容方面，紧密结合居民的生活需要，提供丰富多样的活动场地与设施，例如增加生态步行系统的建设，如贯穿小区的步行系统和小型的运动场地，以满足居民健康生活的需求。与此同时，越来越多的居住区依靠中水回用、雨水收集和垃圾生化处理等新技术，提高住区的生态功能，在节水、节能、减排和提高舒适度方面取得了重要成就。

5. 人车分流与步行环境

伴随着国民经济的持续快速增长和居民收入水平的不断提高，私人小汽车从无到有，已经开始大量进入普通百姓家庭。目前居住区大量采用地下停车，有的还采用机械停车，以容纳越来越多的小汽车。与此同时，妥善处理小汽车的行驶路线和停放位置，尽量减少小汽车对居民造成的交通安全威胁和废气、噪声、灯光干扰，成为我国城市住区规划设计重点考虑的问题。

（1）人车分流成为重要的规划手段

为了减少机动车对行人的干扰，在规划设计中逐渐把机动车交通和步行交通分开，使其各成体系，也使小区的空间形态更加人性化。许多规划方案采用了沿小区周边的环行机动车道，而在小区中部规划了供居民使用的枝状步行道路系统，如2000年建成的北京龙泽苑小区一期工程（图21）；也有的小区采用立体交通组织做到人车分流，例如2001年建成的北京北潞春绿色生态小区将人行步道全部架空，2003年建成的北京万科星园工程将所有机动车道全部布置在地下空间内。

（2）公共步行系统更加受到重视

由于社区内机动车数量的与日俱增，公共步行系统的设计在近年来的住区规划设计中备受关注，和机动车交通组织一样成为规划设计不可忽视的重要内容。公共步行体系不仅包括步行道路本身，还包括与之连接的小区入口、公共绿地、各种公共活动场所和各个院落空间

21. 北京龙泽苑小区一期工程

等。有的还营造出宜人的购物广场、步行商业街等人性化的场所，更具功能性和趣味性（图22）。步行空间的设置为丰富社区的生活提供了功能多样的驻留场所，这些场所除了使用功能以外，对社区的环境起到了优化和美化的作用，在很大程度上会影响到小区的整体形象。

6. 开放社区

小区的封闭式物业管理，为人们创造了安全、舒适、整洁、优雅的社区环境，逐渐受到居民的欢迎。

22. 北京沿海赛洛城

但是，随着开发项目规模的日趋扩大，封闭管理的范围也相应扩大，给小区内外居民造成了极大的不便，也使各类公共资源难以充分利用，城市街道空间冷漠，城市交通也存在路网密度过低所带来的拥堵问题。

通过十多年住区运营使用的经验，需要纠正规划设计理念，小区的规划设计并不是越封闭愈好，而应当适度的开放。采用以街坊、组团，甚至单栋楼宇作为较小封闭单元，形成相对开放的街坊形态，是目前住区形态发展的趋势之一。社区空间对外开放，使地区交通更加方便，街道空间也更加丰富。为居民提供多样性的生活交往场所的同时，配套公共设施能够获得更多的营业额，社区和城市的关系更加和谐，有利于增强城市的活力和营造多姿多彩的公共空间。例如，深圳的万科四季花城、北京沿海赛洛城（图22）、上海的金地格林世界，都是比较成功的案例。

7. 居住区类型趋于多样

随着居民收入的提高和社会经济的快速发展，居住需求的分异越来越明显，不仅体现在支付能力上的差别，也表现在生活方式、功能要求等方面的变化；另一方面，随着城市规模的扩大，土地的价值和区位条件差异加大。这些都使得当代城市住区在类型和形态上趋于多样化，包括以下特征：

（1）居住区形态向高空发展。随着土地价格的上升和高层住宅建造技术的日臻成熟，出现了越来越多的高层住宅住区，在规划上重点解决密集的建筑、较多的人流车流与环境的关系。

（2）低密度社区。对居住环境和品质的追求，使低密度社区成为重要的居住类型之一，住宅有独立式（别墅）、双拼、联排、叠拼、多层花园洋房等形式，容积率较低。住区规划则更多地关注私属空间的品位和配套服务水平。

（3）特定需求的居住形态。针对特殊的人群和特定的居住需求，出现了青年社区、老年公寓、旅游地产项目、商务综合体等新型居住社区，在规划上往往根据特定的功能要求进行布局和配套，有的更加突出环境特点，有的突出形象标志。

8. 更加强调居住文化

居住区不仅是生活居住的场所，也是人的精神家园。居民对生活

23. 北京观唐项目
24. 北京沿海塞洛城商业步行街

质量的要求是住区规划设计进一步发展的动力之一，越来越多的新建住区重视居住文化的塑造，形成百花齐放的局面。有的住区通过建筑、环境设计，塑造特定生活场景，例如欧式小镇、中式园林等（图23）；有的通过现代简约的规划设计手法，表现出新颖时尚的居住文化；有的通过开放式规划手法，使住区空间与城市空间相互渗透，塑造繁华街区生活（图24）。

9. 住房保障与社会融合

由于住宅价格大幅提高，在2005年以后，政府加大市场干预力度，并逐步建立健全住房社会保障体系，相继出台一系列政策，提出了"廉租房、租赁房、经适房、两限房、商品房"的多元化住房供应体系，改善住房市场供应结构，以平衡不同人群的居住需求，促进社会的和谐发展，这标志着我国住房建设进入成熟期。住区规划也开始注意针对小户型居住区户密度高的特点，在环境保护、交通组织、配套设施等方面探讨技术对策，同时积极探索解决中低收入家庭在公共设施、交通服务、就业机会等方面的需要，以及推动社会交往与融合、避免社会隔离等众多新的课题。

四、中国住区规划发展的趋势展望

新中国成立后经过60年的发展，随着我国经济和社会环境的不断改变，人们对住区规划设计新理念和新手法的探索一刻也没有停止过。相信伴随着社会进步、经济发展和技术更新，我国住区规划在理论和技术方法上，还将出现更加色彩纷呈的发展和创新。在创建和谐社会、建设节约型社会的历史轨迹上，展望未来的住区规划，有以下趋势：

1. 以人为本的原则将继续深化

人是居住区的使用主体，住区规划的目标就是围绕需求展开，体现出对人的关怀。住区规划应适应未来的生活模式，创造方便、舒适的居住生活环境，并能展现个性、修养身心。可以预期住宅建设将进入一个"品质时代"，人们更加注重居住的性能质量，除了注重室外的宜居环境质量，还将更加注重室内的居住品质。

因此，住区规划应立足居住实态和行为方式调查，深入研究人的潜在愿望和生活细节，充分考虑不同的家庭组合、职业、生活习惯、收入水平的群体，以及特殊人群的需求，从而建立符合未来生活水准的居住空间模式，推进宜居生活环境建设。

2. 和谐将成为住区规划的主题

住区除了要满足个体的需要，还应考虑社会群体的需要。住区规划应以空间，以及人的行为、心理的相互关系为基点，以多样化的住房供应为手段，完善的公共空间与设施为平台，塑造健康文明的社区环境，提高住区的安全感、归属感，促进社会交往与公共生活，推动和谐社区的良性发展，使人在物质层面和精神层面上都能够得到关怀。

3. 绿色将成为住区的重要标准

环境保护和可持续发展是住区建设的重要责任之一，绿色建筑和住区是我们共同关注的事业，也是住区建设全新的技术理论。住区规划应大力提倡资源的合理化"精明增长"方式，保护和恢复基地上的生态环境，减少排放，使住区形成零排放或最小排放系统，建立再生循环系统，采用绿色住区评估标准体系指导绿色开发建设行为，同时应关注既有住宅的功能更新、节能减排改造以及环境综合整治。

4. 科技进步将是住区发展的重要支撑

21世纪将是高科技的社会，科学技术将更多地应用于人们的日常生活，并将对住区规划产生重要影响，使高科技装备住宅和城市居住区的出现成为可能。智能化技术、环境技术等新技术的应用将在安全、设备自动化、信息交互、管理与服务、居住功能提升、居住环境保持、节能减排等方面进一步提高居住品质。

5. 未来住宅建设应推进住宅产业现代化

我国住房建设仍然处在粗放式的生产模式阶段，生产效率明显偏低，材料资源浪费极大，生产成本高，房地产产品性能及工程质量低下，无法适应我国日益增长的住宅品质需求。中国住宅建设的品质时代，工业化与产业化是住房建设发展的必由之路。采用社会化大生产的方式进行生产和经营，可以归纳成"六化"，即连续化、标准化、集团化、规模化、一体化和机械化。住宅产业化是当前提高效益、解决住宅建设质量的根本出路，将给我国的住宅业及其相关行业带来革命性的变化。住宅产业现代化任务任重道远，需要全社会共同关注！

参考文献

[1] 白德懋. 居住区规划与环境设计. 北京：中国建筑工业出版社, 1993

[2] 胡纹等. 居住区规划原理与设计方法. 北京：中国建筑工业出版社, 2007

[3] 赵冠谦, 开彦. 中国住宅建设规划五十年发展与成就, 2000

[4] 韩秀琦. 我国住区规划的十年发展(1996~2006), 2007

[5] 孙克放. 更新理念, 拓展思路, 设计新一代康居住宅, 2006

[6] 赵文凯等. 北京住房建设目标研究, 2006

[7] 开彦. 大盘地产开发规划属性与城市化地位, 2006

[8] 开彦. 居住小区规划设计人居发展概况, 2007

作者单位：赵文凯，中国城市规划设计研究院
　　　　　开　彦，梁开建筑设计事务所

社会住房角度下的中国住房改革回顾
A Social Housing Perspective on China's Housing Reform

王 韬 Wang Tao

[摘要]本文是对中国住房改革的历史研究。与官方话语不同，本文试图从社会转型期形成的大规模社会性低收入群体住房需求（文中称为"社会住房"）的角度来考察这一段历史。通过对房改历次重要政策和其后调整的分析，文章勾画了随着新旧住房体制的交替，中低收入住房问题的逐步彰显。本文的切入点是公有住房体制向私有化、市场化过渡中的瓶颈问题——单位住房，通过对单位住房现象历史与现实成因的分析，检验了从社会住房角度阐释中国住房改革历史的有效性。在此基础上，作者提出，在中国住房改革中，社会住房供应的缺失或失效一直深刻地影响着房改的走向。

[关键词]中国住房改革、私有化、单位住房福利、社会住房

Abstract: The purpose of this article is to give a historical study of the policy changes in Chinese housing reform. In contrast to the official discourses, the process is observed from the perspective of emerging social housing needs. By comparing major policies intentions and the following adjustments upon the socio-economic contexts, the gradual recognition and muddling through to an appropriate answer to the social housing question are illustrated, which, the author argues, has been a critical factor defining the path of Chinese housing reform.

Keywords: Chinese housing reform, privatization, work-unit housing, social housing

从20世纪80年代早期开始，中国政府采取了一系列措施改革公有住房体制。对于改革初期中国住房状况的了解可以帮助我们理解改革的动机。根据1978年发布的《国家建委关于加快城市住宅建设的报告》，至1977年底，190个中国城市的住房水平为人均居住面积3.6m²，甚至低于1949年解放初期的人均4.5m²，而且存量住房中还有大量年久失修的危旧住房。

不过，尽管严峻的住房短缺看上去是当时的主要问题，但是很快，变革公有住房体制就取代了加大住房供应成为中国住房改革的主题。因为在原有的住房体制下，加大住房供应意味着对一个不能回收资金的黑洞更多的投入。分配机制上的私有化和供应机制上的市场化逐渐成为中国房改的目标。配合同时展开的经济体制改革，中国住房体制改革战略的制定开始一厢情愿地认为住房问题也可以简单地由市场自主调节的供需机制来实现，从而使国家彻底退出对于住房问题的干预。但是，从1980年代后期开始，凌空蹈虚的私有化改革就一直被一股无法摆脱的力量牵制着，牢牢地固定在中国的社会、经济和历史现实上，

住房问题始终不能达到一个政府全身而退、彻底交由市场调节的状态，从而形成了一系列有中国特色的现象：单位住房、安居住房、经济适用房、公务员住房等等，显示了中国房改在私有化理想与社会经济现实之间的困局。本文认为，这股影响房改进程的决定性力量就是经济改革以来，随着中国社会经济的转型不断发展、积聚和变化的社会性低收入群体住房问题。

住房改革中的单位住房现象

自20世纪90年代起，研究文献中对于中国的住房改革出现了越来越多的批评，尤其是对中国住房改革过程中出现的单位住房现象、平等问题以及弱势群体住房问题有了越来越多的关注(Wu 1996；Zhou and Logan 1996；Chen and Wills 1997；Logan, Bian and Bian 1999；Zhang 2001)。

Zhou和Logan通过广州的商品住房研究了中国市场化过程中出现的单位住房现象。他们的结论是——在1990年代的广州，除了住房供应方的不同外，商品住房的分配和原有公有住房体制是大同小异的，只是过去的住房是出租的，而现在是出售的。在1999年进行的研究中，Logan和他的同事提出了中国住房不平等问题的三个可能原因：个人的职务与关系、以职业为基础的社会层化和社会经济条件的差别(Logan, Bian and Bian 1999)。他们的结论是：在住房改革过程中，住房不平等问题在政治和市场的双重作用下被延续和强化。

单位在这个过程中起着重要的作用。在20世纪80年代，与私有化政策形成强烈反差的是，单位住房不是减少而是增加了(图1)。其原因是，在房改初期，旧住房体制不变的情况下加大住房供应只能是增加公有住房的总量，从而强化了单位住房的角色。

Wu (1996)对于房改中持续的"单位住房福利"进行了详细的分析，他采用了"住房供应结构"理论来检验中国公有住房领域发生的变化。他发现，自20世纪70年代后期经济改革开始，单位不仅没有摆脱提供实物福利的角色，相反，由于政府逐步减少干预住房，单位被更深地卷入到住房供应者的角色中。他提出，在市场化和单位福利的共同作用下，形成了一种新的住房供应结构，其实质是"市场化的住房生产和非市场化的住房分配"(Wu 1996, 1612)。

无可置疑的是，在20世纪90年代单位住房已经成为中国房改进程中一个引起广泛关注的现象。那么就让我们对中国住房改革的政策变化作一个回顾，从社会住房的角度研究单位住房福利是如何在住房改革过程中形成的，以及在此后的改革中如何解决的。

住房短缺的根源：公有住房体制及其问题

房改前公有住房体制的显著特点是长期住房短缺和平均主义的分配原则，这是长期偏重重工业的经济政策、社会主义公有制、工资与福利制度共同作用的结果(Zhang and Wang 2001, 115~118)。在改革之前的中国，经济计划将重点放在了重工业发展上，住房建设被认为是非生产性投资，要给生产性投资让路。住房政策的策略是：短期内住房水平降低是为了集中力量发展关键经济部类，从而用初期的困难换取最终整个社会经济水平的提高。但是，这个期望的循环没能最终建立起来，在20世纪70年代末住房改革之初带给中国的是严重住房短缺的局面。1978年的《国家建委关于加快城市住宅建设的报告》提出，到1985年将人均住房居住面积提高到$5m^2$，这也就意味着在7年时间新增43.4亿m^2住房，可以看到住房改革之初潜在的巨大住房需求。

改革之前，受社会主义公有制观念的影响，住房不被认为是一种商品。作为社会主义公有制的所有权主体，国家是中国新增城市住房的惟一供应者和所有者。1978年，90%的城市住房是国家所有的(Chen 1994, 24)。由于长期持续的投资不足、缺乏其他住房供应主体，这种国家对于住房投资建设的垄断进一步加剧了住房短缺问题。

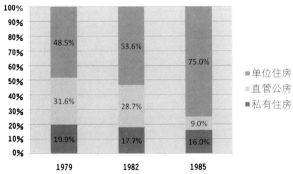

1.中国1979~1985年住房所有权的变化(数据来源：中国统计年鉴)

由于住房被非商品化，按照福利分配原则而不是在自由市场上交换，住房消费并没有反映在改革前中国家庭的日常支出中。Chen(1994, 22)发现，在这个时期住房支出最低只占到中国家庭收入的0.6%。其结果是，租金完全不能覆盖维修和管理开支，更不必说回收最初投入的资金。但是，这个问题并不是看起来那么简单，它和计划经济时期的工资制度密切相关：住房开支并不包括在工资之内。

减少住房投资的一个策略就是缩小公有住房受益者的范围。因此，住房福利严格按照个人在社会中的身份和地位分配。自"一五"时期以来，中国执行了严格的户籍人口以控制城市人口增长，控制国家福利的规模和范围。执行此项政策的结果是，中国的人口城市化比例从1949年的17.4%下降到1978年的15.8%（Chen 1994, 14）。在城市人口中，只有国有单位的职工才能享受住房福利，还有相当比例的城市人口不在此范围之内，从而进一步缩小了享受住房福利的人口范围。正是在这个阶段，国有单位成为了住房福利的关键中间环节，为其职工担负着住房建设、分配和管理的职责。

80年代初的尝试：公有住房私有化过程中单位的角色

房改之初，看似需要解决的只是公有住房体制的资金回收问题。但是，由于低工资和低租金制度的存在，享有公有住房的家庭普遍缺乏购买住房的动机和能力。在20世纪80年代初，政府雄心勃勃的住房建设计划难以为继。很快，住房政策的主题从解决住房短缺转向私有化。此时的改革主要针对需求方，使家庭能够购买住房，以期获得住房建设投入与回报的平衡。1982年的住房私有化方案中，国家、单位和个人都要拿出一部分资金来，被私有化的对象既有存量住房也有新建住房。之所以说是对需求方的改革，是因为这些住房的供应方式没有变，仍然来自公有住房建设体制。1982年在四个城市展开了这次房改试验——常州、郑州、沙市和四平。根据1982年《国务院关于城市出售住宅试点问题的复函》，当时补贴出售住房的做法是购房者出资三分之一，其余三分之二由购房者的单位承担；存量住房根据其具体状况折价出售。1984年，这次试验开始向全国推广。显然，在这次改革中，单位与其职工之间的联系被进一步加强。由于改革局限于需求方，住房的供应方式仍然维持原状。单位建设的住房只供应给自己的职工，而且单位还要支付三分之二的购房款。

在1988年的政策检讨中，这次改革被认为"不太成功"。1986年出台的《建设部关于制止贱价出售公有住房的紧急通知》中总结了这个改革方案的四个缺陷：

"一是补贴偏多，售价较低，算总账国家负担不比原来低租分配减轻多少；二是个人付出2000元左右，即取得（50m²上下）一套住房的所有权，企业单位因为不能再提取折旧基金，感觉吃亏而没有卖房的积极性；三是由于大部分住房仍然实行低租分配的办法，已经有房住的和将要分到房子的职工不愿意买，要求买房的实际上多是一些没有希望分到房子和收入低的职工；四是这一试点也解决不了那些没有能力建房的企事业单位职工住房问题。"

建立在单位福利基础上的公有住房体制的问题在这里暴露无遗。作为住房的供应方，单位缺乏出售住房的动力，而福利体制之内的人不愿意购买住房，单位体制之外的人需要住房却没有进入受益范围的可能；此外，还存在着单位之间的不平等诸问题。正如上述第三点所说，"要求买房的实际上多是一些没有希望分到房子和收入低的职工"。但是显然，解决这部分人群的住房问题并非此次改革的初衷，国有单位职工的住房问题才是改革的目标。这次房改试验的经验提示：房改不能仅仅停留在需求方，而必须向住房供应制度延伸，从而将单位从住房供应的角色中解放出来。

80年代后期对于住房供应的改革：以国有企业职工为核心

截至20世纪80年代中期的经验证明，住房改革不能局限于分配制度，必须对住房供应体制同时进行改革。1988年，国务院颁布了《关于在全国城镇分期分批推行住房制度改革的实施方案》。在这个文件中，明确地申明了此次改革方案的目的是：

"按照社会主义有计划的商品经济的要求，实现住房商品化。从改革公房低租金制度着手，将现在的实物分配逐步改变为货币分配，由住户通过商品交换，取得住房的所有权或使用权，使住房这个大商品进入消费品市场，实现住房资金投入产出的良性循环……"

此次改革方案的主要策略是：赋予能力、制造动机和改变供应。首先是改革低工资制度赋予人们购买住房的支付能力；其次是提高住房租金使得购买住房更具吸引力；最后是建立一个住房市场以取代政府在住房供应中所担任的角色。为了达成这个目标，采取的主要措施是：

（一）改变资金分配体制，把住房消费基金逐步纳入正常渠道，使目前实际用于职工建房、修房资金的大量暗贴转化为明贴，并逐步纳入职工工资。（二）改革现行的把住房作为固定资产投资的计划管理体制，确立住房作为商品生产的指导性计划管理体制。（三）通过财政、税收、工资、金融、物价和房地产管理等方面配套改革，在理顺目前围绕住房所发生的各种资金渠道的基础上建立住房基金，逐步形成能够实现住房资金良性循环的运行机制。（四）调整产业结构，开放房地产市场，发展房地产金融和房地产业，把包括住房在内的房地产开发、建设、经营、服务纳入整个社会主义有计划的商品经济大循环。

显然，通过反复出现和强调的"职工"可以看出，这次住房改革的主要对象仍然是公有住房体制下享受住房福利的国有单位职工，因此，仍然不能称之为面向全社会的社会住房改革。

土地改革与商品房建设：单位更深的卷入

与此同时，1988年进行了城市土地制度改革，房地产成为迅猛发展的新兴产业。Wang和Murie(1999)在他们的研究中详细描述了这个过程。在很短时间内，商品住房投资从1991年占整个城市住房投资的27%扩张为1994年的60%。但是，住房市场并没有能够像预期那样彻底接过住房供应的任务，仅仅是服务于经济改革中出现的少数富裕阶层。如同Wang和Murie(1999，1486)所说，这个时期"高房价和低工资将绝大多数国有企业职工排除在新兴的商品住房市场之外"。因此，城市大多数人口的住房供应仍然没有市场化，对于那些有资格享受住房福利的人群，提供住房的责任继续由他们所在的单位承担着。

Chen(1996，1086)对住房价格与家庭年平均收入比例进行了研究。他选择了11个不同经济发展水平的国家作为研究对象，其中中国的这一比例最高。1990年，一套60m²住房的价格是家庭平均年收入的20倍。因此，私有化的房改方案要求各个单位自己制定住房出售的折扣标准，但是折扣后的价格仍然是家庭收入的4.2~8倍。因为这个时期还没有任何相应的金融手段，这个价格门槛对大多数家庭来说仍然是难以逾越的。由于政策允许单位购买住房然后再出售给职工，根据中国统计年鉴，1991年商品住房销售中只有33%是个人购买的，其余都是出售给了各种类型的国有单位。这种现象说明，私有化和市场化带来的住房可承受性问题成为了改革中的瓶颈，而正因如此，单位在解决住房可承受性上起着越来越大的作用。显然，问题的关键是如何使得房价降低而使大家负担得起。在没有合适解决方案的情况下，单位的介入使得市场化供应的住房再次回流到公有住房领域，然后再被私有化。单位成为了市场的高房价和家庭的低支付能力之间的杠杆。

1998年之后的改革：单位的释放与社会性需求的凸现

两个因素促使单位最终摆脱了这个僵局：来自单位体制之外的住房需求和国有单位自身的改革。经过近20年的经济改革和城市化进程，越来越多的人口不再属于传统的单位体制。例如，新型所有制单位都不再承担住房福利的供给责任，他们的雇员都需要通过住房市场来解决住房问题。此外，随着经济改革的深化，削弱国有企业市场竞争力的住房福利必须予以改革。因此，自20世纪90年代后期开始，建立新的可承受住房的供应体制成为了房改的核心目标。

作为单位住房福利解决方案的经济适用房

在1998年的房改方案中，单位住房福利被正式停止，由一种新的可承受性住房供应所取代——经济适用房。这是一种带有社会保障性质的商品住房，由国家、地方政府和市场联合运作。在逐步解体的公有住房体制和尚未成熟的住房市场之间，经济适用房被期望与市场一起运转，解决中低收入家庭——主要是国有单位职工——的住房问题，从而将国有单位从住房福利中彻底解脱出来。

经济适用房的雏形在1998年住房供应机制改革方案出台之前就已经存在。在1994年国务院出台的《关于深化城镇住房制度改革的决定》中就已提出，城镇住房制度改革的根本目的之一是建立一个商品化的住房市场以解决住房短缺。达成这个目标的措施就是引入公积金制度和建设"经济适用住房"。在需求方，公积金制度帮助提高家庭的住房支付能力；在供应方，"经济适用住房"是一种由市场在国家帮助下供应的新类型住房，其价格在大多数人的承受能力之内。按照这个方案，作为新的住房供应体系的一个部分，经济适用住房是以中低收入家庭为对象、具有社会保障性质的住房，与面向高收入者的商品住房平行运行。

此后，政府采取了一系列措施来推动经济适用房政策，1994年又颁布了《经济适用房建设管理办法》，来指导具体实施工作。1995年初，启动了安居工程来执行经济适用房政策，进一步明确了参与各方的具体责任：中央政府的职责是制定总体战略和年度计划，以及为经济适用房建设提供低息贷款；地方政府要制定具体的实施方案、向中央政府申请贷款额度、提供资金不足的部分以及其他优惠政策，例如无偿划拨土地；开发商负责建设住房，并控制其利润。住房价格由地方政府按照微利原则制定，按照政策要求此类住房的利润率不能超过3%。

在历史性的、彻底停止福利分房的1998年，经济适用房最终获得了政策的全面认可。《国务院关于进一步深化城镇住房制度改革加快住房建设的通知》中，经济适用房成为了新的住房供应体系中的一个关键层次。这次房改方案将住房需求分为了三个层次，并相应地设计了一个三层次的住房供给体系来满足不同的需求：商品住房针对高收入人群，廉租房面向的是低收入人群，而经济适用房作为中间层次的供应满足的是占人口大多数的中低收入家庭的住房需求。

> 调整住房投资结构，重点发展经济适用住房(安居工程)，加快解决城镇住房困难居民的住房问题……切实降低经济适用住房建设成本，使经济适用住房价格与中低收入家庭的承受能力相适应，促进居民购买住房。

显然，经济适用房是取代单位住房的可承受性住房供给，因此在实际操作中从各种相关规定和目标人群设定上都仍然围绕着国有企业职工。在具体实践中也是如此，例如在北京就一度允许单位购买经济适用房然后再按房改政策出售给自己的职工。另外一个极端的例子是深圳，经济适用房政策在执行中实际上成为了公务员住房，真正被市场化的只有建造过程，住房的投资体制和分配方法仍然沿袭了公有住房的做法。

作为"社会安全网"的廉租房

与经济适用房同时出现在1998年的住房供应改革计划中的还有廉租房，其目标人群设定为最低收入的城市家庭。但是，在具体实施中，廉租房远远没有获得与经济适用房同等的重视，虽然规定了目标人群，但是政策没有给出投资、建设主体、土地供应和分配制度等具体方案。这个阶段住房改革的中心是通过私有化和市场化将住房供应与分配的责任转移给住房市场，要求刚刚放下公有住房责任的政府又接过廉租房的供应，显然是与这个阶段住房改革的中心思想背道而驰的，因此廉租房政策在很大程度上停留在纸面，没有得到认真具体地执行，带来了低收入住房问题的持续积累。

重私有化轻廉租房的政策造成的直接后果是：公有住房被大量、迅速、廉价地变成了私有住房，而其对象主要是原来享受国家住房福利的国有制企事业单位的职工，对于解决随着经济改革以来的社会转型逐渐积累的低收入住房问题没有帮助；而当此后低收入住房问题无法回避时，公有住房已经不复存在，政府必须重新投资建设专门的住房。设想如果公有住房能够转化为社会性的租赁住房，在中低收入人群中流转使用，那么折价出售公有住房的损失和兴建廉租房的高额成本都可以避免了。

中国住房改革历程的新阐释

在中国这个住房改革之前公有住房体制占绝对统治性地位的转型社会，在商品住房出现之前，缺乏国家之外的替代性的住房供应者；而在商品住房市场建立后又迅速发现，住房市场的门槛如此之高，在政府和市场之间，仍然有一方需要承担大量的中低收入家庭住房供应者的角色。此类中低收入住房的需求是中国经济改革带来的经济社会转型所产生，参考西方国家社会住房发展历史也是如此，经济社会转型或复苏期（如"二战"后）正是大量出现中低收入阶层住房短缺的时期，也往往是政府大规模直接干预住房供应的时期。而在中国，中低收入住房需求的大量产生恰恰伴随着政府从直接住房干预中的抽身而退，从而形成了大量的没有合适供应渠道的住房需求。

在私有化的开始阶段，改革的推动力主要来自拥有住房福利的国有单位，其通过折价出售公有住房完成了住房改革的第一个阶段——公有住房私有化。同样，当住房市场建立后，由于市场门槛太高，单位虽然不再直接建设住房分配给自己的职工，但是转而购买商品住房分配给职工，从而以新的形式延续了住房福利。单位成为高昂房价与其职工低支付能力之间的一个杠杆。在1998年之前，所有的旨在提高住房可承受性的房改方案针对的主要对象都是单位。无论是在初期单位需要承担职工购买住房金额的三分之二，还是后来公积金制度的建立，单位都是个人得以享受这些住房优惠政策的关键纽带。其结果是，在替代性的可承受性住房供应者出现之前，单位被牢牢地固定在这个位置上，这也是1998年之前单位住房福利成为中国住房改革中一个挥之不去的现象的原因。

从社会住房理论的角度来看，单位被迫成为可承受住房供应者的尴尬处境仅仅是中国社会经济转型中出现的巨大社会住房需求无法得以满足的局部表征。1990年以后的发展进一步说明了这一点，随着经济改革中国有经济比例的显著下降，越来越多的城市人口不再是国有企事业单位职工，即不属于传统的住房福利享受人群的范围，单位住房福利所覆盖的家庭占城市人口的比例越来越小。1978～1998年，中国城镇就业人口从9500万增长到2亿多，而国有企业职工占从业人口的比例则从78.3%下降到了43.8%。也就是说，在1978～1998年的20年间，不能享受国有单位住房福利的城市就业人口增加了1亿（图2）。非国有部门从业人员的快速增长主要来自三个原因：非国有经济领域的快速增长、国有企业自身的改革，以及伴随着经济改革的城市化进程带来的人口机械增长。

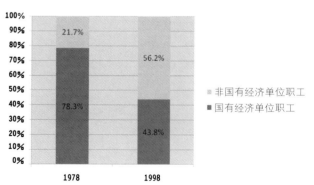

2.1978年到1998年国有经济与非国有经济职工比例的变化（数据来源：中国统计年鉴）

在20世纪90年代，社会性的中低收入住房问题将一厢情愿的私有化和市场化拉回了现实，中国住房改革的主题从80年代围绕公有住房和国企职工转向了全社会范围内的中低收入阶层住房供应问题。城市化、国有企业之外的经济领域就业的持续增长和国企自身的改革共同形成了这个阶段社会住房的需求。正是这部分单位住房福利无法覆盖的社会住房需求,最终带来了1998年的住房制度改革方案。

通过研究西方发达资本主义国家的社会住房问题,Harloe(1995)提出大规模社会住房模式出现的两个历史条件:一个是全面的社会经济转型,另一个是住房市场对于满足特定阶层住房需求的失效。这有助于我们理解在市场经济国家背景下,解决社会住房问题过程中国家与市场关系的基本特征。

而这两个特征都可以在当下中国社会中观察到。自20世纪70年代末经济改革启动以来,中国社会不仅在经济方面,同时也在社会领域经历着转型与重构。中国的房改正是整个社会转型与重构过程的一个组成部分,因此,Harloe的研究结论对于中国同样具有意义。但是,中国的社会住房与西方国家经验也有着显著的不同:一方面,在社会住房需求高涨的阶段,中国正在经历一个住房市场化、商品化的过程,使得住房可承受性的问题格外严峻;另一方面,在住房领域需要强有力的国家干预的时候,由于改革公有住房的初衷,中国政府正在试图从住房问题中抽身而退。21世纪中国社会经济条件的变化对社会住房问题的解决提出了新的挑战:一方面,廉租房受到了前所未有的重视,但是在公共政策、财政支持、分配管理模式等方面面临着各种问题;另一方面,在一些地方由于经济适用房不再"经济"也出现了可承受性问题,一些国有单位再次开始以各种方式为职工提供住房。种种迹象表明,在住房改革的这个阶段,社会住房问题需要摆脱私有化和市场化的早期房改模式,政府需要重新明确干预社会住房的责任与方式,从而寻找属于中国的社会住房发展的道路。

参考文献

[1]Chen, Guangting. The Housing Question of China. The Challenge of China's Urban Housing (in Chinese), edited by Chen, Guangting and Marc H. Choko. Beijing: Beijing Science and Technology Press, 1994:9~28

[2]Chen, Aimin. China's Urban Housing Reform: Price-Rent Ratio and Market Equilibrium. Urban Studies 33,1996; no. 7; 1077~1092

[3]Chen, Jean J., David Wills. Development of Urban Housing Policies in China. Construction Management and Economics 15; 1997;283~290

[4]Harloe, Michael. The People's Home? - Social Rented Housing in Europe & America. Oxford: Blackwell

[5]Khan, Azzur Rahman. "Poverty in China." Revisiting Income Distribution in China (in Chinese), edited by Zhao R. W., Li S., C. Riskin. Beijing: China's Finance and Economics Press, 1999:348~404

[6]Logan, John R., Bian Yanjie, Bian Fuqin. "Housing Inequality in Urban China in the 1990s. International Journal of Urban and Regional Research 23, 1999;1;7~25

[7]Wang, Ya Ping, Alan Murie. The Process of Commercialisation of Urban Housing in China. Urban Studies 33,1996;(6); 971~989

[8]Wang, Ya Ping, Alan Murie. Commercial Housing Development in Urban China. Urban Studies 36,1999;(9); 1475~1494

[9]Wu Fulong. Changes in the Structure of Public Housing Provision in Urban China. Urban Studies 33, 1996;(9); 1601~1627

[10]Zhang Xing Quan. Redefining State and Market: Urban Housing Reform in China. Housing, Theory and Society, 2001;(18); 67~78

[11]Zhang Jie and Wang Tao. Part Two: Housing Development in the Socialist Planned Economy from 1949 to 1978. Modern Housing in China. Munich: Prestel, 2001;103~186

[12]Zhang Wen Min, Wei Zhong. The Urban Poor Question in China. Revisiting Income Distribution in China (in Chinese). Beijing: China's Finance and Economics Press, 1999,405~418

[13]Zhou Min, John R. Logan. Market Transition and the Commodification of Housing in Urban China. International Journal of Urban and Regional Research 20, 1996;(3); 400~421

作者单位:清华大学建筑设计研究院

中国绿色住区政策发展回顾与展望
——从绿色建筑到可持续发展社区
Green Community Development in China
From green architecture to sustainable community

张 播 许 荷 Zhang Bo and Xu He

[摘要] 本文从政策角度回顾了我国绿色住区的发展历程，阐述了政府的政策对绿色住区发展的主导作用，指出现阶段绿色住区推广存在的问题，希望对未来绿色住区的实践发挥一定的引导作用。

[关键词] 绿色住区、政策

Abstract: The paper gives a retrospect on the development of green community in China, depicts the guiding effects of policy, and points out the existing problems, in anticipation of providing suggestions for the future development.

Keywords: green community, policy

一、概述

自生态建筑的前沿探索，到绿色建筑的方兴未艾，可持续发展已然成为全球的中心话题，绿色住区也成为近年来一个颇受政府、大众、开发商、设计师们关注的主题。

这种关注来自于两方面的需要：一方面，住区是人类居住生活最主要的空间，是大多数人一生中停留时间最长的场所，也是大多数城市活动的起点或终点，因此无论从哪个意义上来说，"绿色建筑"及"可持续发展"在住区中的实践都将对人类的活动产生巨大的影响；另一方面，住宅是城市中最主要的建筑类型，"绿色建筑"和"可持续发展"的推进离不开大量的住宅建设，故而住区也是衡量其收获和效益的重要领域之一。

"绿色建筑"和"绿色住区"作为可持续发展政策的一部分，政策的主导作用不言而明，同时，理论研究的分异，实践探索的局限，都给绿色住区的发展带来了不确定性，需要政府的政策推动和引导，这也是本文回顾与展望的意义所在。

二、传统住区建设中的"绿色思维"

建国以来，我国住区的理论和实践发展经历了曲折的过程。先借鉴西方邻里单位的手法，又学习前苏联街坊式布局，后来大量应用了小区的规划理论。至20世纪末期，在国家各项政策指导下，我国住区建设逐步形成了具有自身特色的形式，不仅在住区使用功能和环境设计方面克服了街坊中存在的缺点，而且在紧凑布局、节约用地方面优于邻里单位。这其中就有大量的绿色思维，比如街坊式布局中的东西向住宅与我国居民的生活习惯不一致，因此出现了半街坊围合式的布局以减少朝向不利的套型；而城市规划的定额指标确定了我国以多层住宅为主的居住模式，体现了节地的原则，紧凑的布局也为公共交通和服务设施的服务效率打下良好基础。

20世纪80年代初至90年代初，国家有关部门围绕住宅功能改进和节地节能组织了一批科研课题，选定了分别代表南、北和南北方过渡地区的无锡、天津、济南三个城市，进行住宅小区建设的试点工作，建设了无锡沁园新村、济南燕子山小区、天津川府新村等小区[1]，不仅住宅使用功能有较大的改善，而且在建筑节能、降低造价和住区环境设计等方面取得了成功的经验，在提高住区的环境质量等方面起到带动作用。同时期，在安居工程、小康住宅等政策影响下，我国还建设了一大批优秀的小区，不仅住宅性能安全舒适，而且开始重视住区环境，提出了延续城市文脉、保护生态环境、集约利用土地等重要原则，住区建设普遍有良好的日照、通风和绿化，以及便利的教育、购物和公共交通等配套设施。

20世纪90年代初期至20世纪末，随着住房改革的进程，我国住区建设进入快速发展时期，市场成为主要推动力量。为了更好地引导住区建设，在总结长期建设经验的基础上，1994年颁布实施了国家标准《城市居住区规划设计规范》，其中对住宅日照、人均居住区用地控制指标、住宅建筑净密度、公共服务设施、绿地率等都提出了强制性条文和量化指标，在今天看来这些标准都带有强烈的绿色思维，为我国绿色住区的建设打下了良好的基础。

由此可见，新中国成立以来以至20世纪末期，虽然没有"绿色"概念的指导，但住区发展的技术政策及实践中仍然可以见到"绿色思维"的深刻影响。

三、"绿色住区"从"绿色建筑"开始

随着"绿色建筑"概念在世界各地的兴起，不少国家开始实践推广绿色建筑。21世纪以来，很多国家都开始建立绿色建筑评价体系与评估系统，旨在通过定量评估描述绿色建筑在节地、节能、节水、节材和环境保护方面的性能，指导建筑设计，为决策者和规划者提供参考标准和依据。

而"绿色建筑"的蓬勃发展，不可避免地带来了对"绿色住区"的关注。一方面，绿色建筑评估系统进入了良好的发展轨道，因此自身在寻求扩展，以更好地适应市场需求；另一方面，绿色建筑评估系统在操作中也遇到了困难，很多问题例如节地指标、雨水回收利用、生态环境保护、以建筑群为基础的节能设计，只有在更大的尺度和层面才能进行评价。因此，从各国绿色建筑评估系统发展的结果来看，都从单体建筑跨进了城市尺度，出台了绿色住区的相关标准，如美国的LEED Neighborhood Development，英国的BREEAM GreenPrint，日本的CASBEE Urban Development等等。

四、标准源于概念，实践追随标准

近几年我国在绿色建筑方面的发展上也做了很多工作，从政府、研究机构、开发商到全社会都对绿色建筑有了全新的认识和实践。为了进一步推动绿色建筑的良性发展，我国也逐步建立起了相关的政策法规、标准规范与推广机制。

2001年5月，建设部住宅产业化促进中心研究和编制了《绿色生态住宅小区建设要点与技术导则》（以下简称为《导则》）。《导则》分别对能源、水、气、声、光、热环境和绿化、废弃物管理与处理以及绿色建筑材料九大系统进行了分项要求。这个导则虽冠以"绿色生态住宅小区"之名，但是实质内容是以建筑技术为主，涉及了一些室外环境和小区内基础设施的内容，对于节地、生态环境、绿色交通、公共设施等内容没有涉及。

也是在2001年，全国工商联房地产商会推出了《中国生态住宅技术评估手册》，分为选址与住区环境、能源与环境、室内环境质量、住区水环境、材料与资源六个部分。这个手册的内容比较全面，后来更名为《中国生态住区技术评估手册》。

但是在2001年前后，"绿色建筑"的概念仍然处于众说纷纭的时期，"绿色住区"的讨论才开始拉开帷幕，在概念没有完全界定清楚之前，评估系统也必然各有侧重，而实践更是五花八门。

2005年，为加强我国绿色建筑建设的指导，促进绿色建筑及相关技术健康发展，建设部与科技部联合组织编制了《绿色建筑技术导则》。2006年3月，为贯彻落实完善资源节约标准的要求，在《绿色建筑技术导则》基础上，总结近年来国内外绿色建筑方面的实践经验和研究成果，建设部与国家质量监督检验总局联合组织编制了国家标准《绿色建筑评价标准》(GB/T50378-2006)，用于评价住宅建筑和办公、商场、宾馆等公共建筑。评价包括六大指标体系：节地与室外环境、节能与能源利用、节水与水资源利用、节材与材料资源利用、室内环境质量、运营管理。各大指标体系中分为控制项、一般项和优选项三类[2]。2007年，为规范绿色建筑的规划、设计、建设和管理工作，依据《绿色建筑评价标准》建设部组织相关单位编制了《绿

色建筑评价技术细则》。2008年，绿色建筑评价进入实施阶段。至今先后已经有4个住宅项目获得绿色建筑设计评价标识。

我国的绿色建筑评价标准相比较其他国家的主要特色之一，就是包括了节地的内容。另外，在编制开始就考虑到了室外环境，因此《绿色建筑评价标准》的"节地与室外环境"一章已经包含了不少"绿色住区"的实质性内容：

- 选址：一方面尽可能地维持原有地形地貌，避免破坏文物、自然水系、湿地、基本农田、森林和其他保护区，另一方面避开污染和危险源，保证居住环境的基本质量。
- 节地：控制人均居住用地指标，避免户型过大或者密度过低，地下空间的使用。
- 室外环境质量：日照、采光、通风环境以及环境噪声和热岛强度等指标。
- 生态保护：规定了绿地指标、物种选择和栽植方式。
公共服务设施：公共服务设施的类别和数量。
- 公共交通：周边的公共交通条件，公共交通的便利程度。
- 减少资源消耗：旧建筑的利用，保护地表水及地下水环境，雨水回收利用，景观用水。
- 节约能源使用：建筑布局为节能创造条件，充分利用当地可再生能源。
- 运营管理：垃圾分类与收集、树木养护及病虫害防治。

除此之外，《绿色建筑评价标准》最大的贡献在于，为"绿色建筑"提供了一个明确的定义："绿色建筑是指在建筑的全寿命周期内，最大限度地节约资源（节能、节地、节水、节材）、保护环境和减少污染，为人们提供健康、适用和高效的使用空间，与自然和谐共生的建筑。"这个定义在"全寿命周期"的范畴内，强调了资源能源使用、人居环境质量、人与自然关系三个方面的平衡关系，从而也为"绿色住区"指明了方向。

五、"绿色建筑"向"绿色住区"发展

尽管《绿色建筑评价标准》已经用于评价绿色住区，但是在实践中发现，有一些先天性的缺陷是建筑评价所无法避免的，例如评价项目范围的确定、对人文和社会价值的评定等等。根据国外的经验，绿色建筑评估系统虽然可以涉及到一些住区的内容，但是容纳不下更为广阔的学科范畴和思考背景，"绿色住区"需要一个专门的评估系统。因此，住房和城乡建设部已经把用于绿色住区评估的国家标准列入计划，在近年内就会启动编制。

需要说明的是，不管是美国的LEED ND，英国的BREEAM GreenPrint，还是日本的CASBEE UD，都不是仅仅针对居住区的评估系统，而是面向一个相对完整的城市开发单元，这是因为在可持续发展的城市规划理论中，混合使用是一条重要的原则。不过，即使"绿色住区"只是"绿色街区"的一种形式，也会是最主要的形式。

客观来讲，从"绿色建筑"到"绿色住区"，主要是政府与学术界的推动，市场对"绿色住区"的认识还停留在比较浅显的阶段，甚至很多人认为绿色住区就是绿化植被比较好的居住区而已。从市场热点来看，开发商或购房者即使对住宅提出较高的要求，关注的也都是建筑节能、景观设计等回报比较直接的因素，一般公众很少能够意识到"绿色住区"在能源资源节约、生态环境效益、提高生活舒适便利度、营造和谐社会，甚至塑造人类居住生活模式方面的重要作用。在这种认识水平下，绿色住区的推广还需要大量的宣传工作，让社会普遍接受其带来的好处。其次，在绿色住区的建设中，较小的项目只能依托所在城市区域的发展，改造外部条件的能力相对有限，如何对不同发展条件的项目进行量化评价是一个复杂的问题。另外，房地产市场的迅速发展在一定程度上也影响到住区品质的提高，在设计中付出更多精力，建设中增加额外支出，不一定能在市场中获得更多的回报。

不管怎样，从"绿色建筑"到"绿色住区"的发展依然是我国城乡建设科技政策鼓励的方向，更好的居住品质不仅仅停留在住宅内部，而将是与城市的和谐共生。

注释

1. 霍晓卫主编.《居住区与住宅规划设计实用全书》. 北京：中国人事出版社，1999.11
2. 《绿色建筑评价标准》(GB/T50378-2006). 北京：中国建筑工业出版社，2006.3

作者单位：中国城市规划设计研究院

中国近十年的住宅产品演进（上）

The Evolvement of Housing Products in the Last Decade in China (1)

周燕珉 齐 际 Zhou Yanmin and Qi Ji

[摘要] 本文回顾了近10年来我国低层低密度住宅产品的演进。通过对1998年我国住房制度商品化改革后居民需求多样化而带动的住宅产品的梳理，旨在为开发商、建筑师及政府提供历史参照和决策与设计的依据。

[关键词] 住宅产品、住房制度商品化、低层低密度

Abstract: The paper studies the evolvement of low-rise low-density housing products in the last decade. After commercialization housing policy of 1998, the diversity of demands has propelled the variety of housing products. This study of history can be of reference for developers, architects and authorities for future decision-making and design works.

Keywords: *housing product, housing commercialization, low-rise low-density*

一、前言

本文探讨的是近10年以来我国住宅产品的演变情况。

1998年是我国住宅发展史上具有重要转折意义的年份。当年的7月3日，国务院发布了《关于进一步深化城镇住房制度改革加快住房建设的通知》，规定从1998年下半年开始停止住房实物分配，逐步实行住房分配货币化。从此，我国的住房制度从过去的单位福利分房转变为由市场配置住房资源。这一改革的成效是显著的：1998年～2005年，居民购买商品住宅的面积和金额占全部商品房销售面积和金额的比重均达到90%以上。

随着我国住房制度的市场化改革，多样化的市场需求带动了住宅产品的多样化发展。为了叙述方便，本文首先将住宅产品分为低层低密度和多、高层高密度两大类，分上、下两篇分别对其发展脉络进行梳理。在低层低密度住宅领域，首先是简单模仿欧美式样的独栋别墅先行登场，然后向着适应本土生活方式和注重文化元素的方向发展，最后在国家政策的引导下，特别是在市场对于品质、成本、用地、容积率等多种因素综合考量的影响之下，住宅产品呈现出前所未有和世界罕见的多元化发展格局，经济型独栋、联排别墅、叠拼、双拼、现代花园洋房等产品形式陆续登场，使我国的低层低密度住宅产品呈现出异彩纷呈的景象。在多、高层高密度领域，纯居型单元式的高层板、塔式住宅首先在城市中心区大规模建设，2000年后，Studio、SOHO等商住公寓产品在大城市CBD地区陆续涌现。最近一段时期以来，在国家住房保障政策的强力推动下，面向低收入群体的廉租房、经济适用房开始大量建造，这类住宅产品以面积紧凑和满足基本功能要求为特征。

通过比较不同地区之间住宅产品发展的差异，可以发

现住宅产品的发展与地区的社会经济发展水平有着高度的相关性。在一个发达的特大城市首先出现的产品形式，在经过几年的时间差之后才会逐步向其他大城市和二线城市扩散。本文的叙述在脉络和动向的把握上是以一线特大城市为对象的，其内容对于二线城市等预测未来的产品发展动向、把握市场先机将会有参考价值。

二、商品化低层(5层及以下)低密度住宅的演进

改革开放以后，经济发展，科技进步，城市化水平日益提高，为解决城镇人口住房问题，住宅建设向高层高密度方向发展。低层低密度住宅土地成本高而导致价格昂贵，并且由于具备独特的"近地性"而成为高端住宅产品类型。本文根据楼栋组合形式及容积率特点，将独栋别墅、Townhouse及花园洋房划归于低层低密度住宅范围，并分阶段阐述各类产品的发展及演进过程。

1.独栋别墅的演进

(1)国内早期独栋别墅的发展历程

近代，我国独栋别墅建设曾经历过两次高潮。第一次是鸦片战争时期，各列强国家在全国通商口岸建造了一批具有殖民地特色的别墅区。建国初期，在计划经济体制下，我国缺少独栋别墅建设的经济及阶级基础，独栋别墅建设基本停滞。改革开放以后，随着国门的打开，国人对欧美优雅舒适的个人住宅有了初步了解，从海南、深圳开始，商品化独栋别墅建设率先起步，进而带动全国大中城市独栋别墅市场日益蓬勃，我国独栋别墅经历了第二次建设高潮。但直至20世纪90年代中期，由于缺少别墅设计及建设经验，国内早期独栋别墅很大程度上是对欧美式样的单纯模仿。这种地上2~3层的"洋式"独栋别墅，外观采用欧美风格的坡屋顶、柱式、拱券、线脚等造型要素；室内根据欧美国家生活习惯配置大起居室、大主卧、西厨、餐厅、家庭室、各室卫生间、车库等功能空间，套型面积一般在300m²以上。"洋式"别墅虽然为人们提供了别样的外观，但由于单纯照搬欧美生活模式，忽略了不同文化、生活习惯与社会背景的差异，在国内造成一定的水土不服，主要体现在以下三方面：

①容积率较低

"洋式"独栋别墅面宽大、进深小，首层占地面积较大；住栋周围配置四向院落，住栋之间又保持一定的间隔，容积率通常小于0.3，土地利用率低。1980年代末期至1990年代中期，我国主要大城市近郊的土地价格还比较低廉，于是成为别墅建设的主要区域。但随着我国城市化水平的进一步提高，我国城市近郊土地资源日趋紧张，不能承受"洋式"独栋别墅低容积率的开发模式。

②配套设施跟不上

1990年代中期以前，我国多数城市近郊市政建设落后，近郊的独栋别墅小区在供水、供电、供气、供暖方面都很不稳定。交通系统不完善，教育、医疗、商业、休闲等配套设施均不具备，给居家生活造成极大的不便。这个时期的独栋别墅只是被当作一种身份和经济实力的象征，很多家庭周末带着食物来此暂居，还要带着保姆打扫卫生，既不适合作为实用的第一居所，也不能成为真正意义上休闲度假的别墅。

③规划及景观设计单调

欧美国家独栋别墅多数为自建，街道两侧新旧住宅共存并且风格各异，自然形成亲切的具有历史感的街区面貌；我国这一时期的别墅小区由房地产商在短时期内统一规划建设，"兵营"式的住栋布局与单一、重复的建筑外观造成小区规划形态死板、产品面貌千篇一律。另外，欧美国家的住户根据喜好在自家的院落里设置景观，并经常进行维护与照料，小区环境一派生机盎然；然而我国早期多数别墅区内由于住户寥寥，各家院落缺乏有效管理，以致杂草丛生，只听狗叫不闻人声。

鉴于以上原因，1990年代中后期，我国多数大中城市近郊"洋式"独栋别墅的建设逐渐销声匿迹。在市场与政策的双重作用之下，开发及设计单位开始探讨符合国情、富有内涵、适应市场需求的独栋别墅形式。

(2)1990年代后期至今，我国商品化独栋别墅的发展

我国商品化独栋别墅在世纪之交开始了本土化过程，其发展历程可以大致分为以下两个阶段。

①第一阶段——对精神文化层面的关注

作为人们身、心的居所，住宅不仅需要为人们提供遮风避雨的物质空间，更需要满足人们对较高层次精神生活的需求。随着我国社会的进步，人们对居住环境的认识不

1. 水面与棕榈树映衬下的东南亚风格别墅区（摄影：作者）

一层平面　　二层平面

2a. "合院式"独栋别墅平面图

2b. 现代"中式"别墅庭院及装饰设计实例

2. 现代"中式"独栋别墅实例（摄影：作者）

断加深，别墅消费者不再把大面积、有私家庭院、有车库等物质层面因素当作彰显身份与地位的充分条件。这个时期，通过媒体介绍或旅行等途径，国人有机会了解或亲身体验到国内、外优秀的居住文化，并希望借助文化的力量改变单调、乏味的都市居住模式。1990年代末，早期独栋别墅对形式的片面模仿已不能满足人们对住宅精神文化层面的追求，为增加独栋别墅产品"内涵"，在小区面貌营造、建筑单体及庭院方面出现以下较为典型的设计趋向：

- 全面学习国外成熟居住文化

特色鲜明的小区面貌与良好的小区环境属于住宅产品的附加价值。此阶段，为数不少的开发项目通过对国外"某某小镇"、"某某小村"的规划布局、装饰风格及居住模式等方面的全面学习来增加自身的市场竞争力。例如，"北美小镇"中规划及景观设计讲求抽象构图，住栋及景观时尚简洁，小区整体氛围体现现代化、自由化与人性化；"东南亚小村"中点状布置仿木尖顶建筑与石雕、木雕的宗教符号，在水面与棕榈树的映衬下，渲染神秘、尊贵的氛围（图1）。人们居住于此不必踏出国门便可体验富有异域特色的生活情调。

- 注入中国传统思想文化精华

20世纪末，我国思想界与教育界兴起国学热，一味崇拜"西洋"文化的思想受到质疑，中国传统思想文化精华愈发受到国人乃至世界的关注。住宅市场上，独栋别墅产品模仿中国传统以院落为中心的民居做法成为另一设计趋势。现代"中式"独栋别墅（图2）根据我国古代建筑布局的南北方差异创造出不同的"中式"院落形态。例如，南方的"园林式"独栋别墅中，庭院空间借鉴江南私家园林的景观设置，建筑与山水共生；北方的"合院式"独栋别墅中，通过四面围合的建筑布局方式体现空间的尊卑关系与大家风范。此外，建筑外观及室内装饰为展现主人的高雅情操也尽量采用中国传统元素。现代"中式"独栋别墅利用现代材料、技术再现中国传统民居形式，在现代生活中揉入了儒性、禅意的传统风韵。

然而，外来及中国传统的住宅形式在容纳现代生活时出现了矛盾：为表现文化特点，虚假、繁复的装饰增加了成本；虽然在建筑布局及庭院设计上有所创新，但此类独栋别墅室内空间舒适度并没有本质提高，甚至对文化符号的刻意追求造成部分套型使用功能受限。此类独栋别墅区把人们所向往的异域风情或传统情怀当作"卖点"的做法仍然显得单薄。怎样在解决矛盾、升级品质、平衡售价的基础上弘扬居住文化是寻找此类独栋别墅与客户群体契合点的关键。

②第二阶段——集约化的发展

2003年9月14日，国土资源部发布《关于加强土地供应管理促进房地产市场持续健康发展的通知》，通知表示今后我国将严格控制高档商品住房用地，停止审批别墅用地。在这样的宏观调控政策下，独栋别墅产品在短时期内迅速被消化。独栋别墅一味追求奢华的开发模式受到遏制，市场出现向集约化方向发展的倾向。多数新建独栋别墅在保证基本舒适度与套内配置的基础上缩小套型面积，成为这一阶段我国别墅发展第二阶段的主流产品——经济型独栋别墅。自住与投资成为此类产品主要的消费模式。

• 精简居室空间，定位家庭自住

经济型独栋面积通常小于250m²，地上1～2层。面积较大的套型主流配置为3室3厅；面积较小的套型主流配置为3室2厅(图3)，多数配备小型车库。经济型独栋别墅因总面积适中，配套完善，能满足家庭自住要求。

3.面积150m²，三室两厅经济型独栋别墅平面图

• 降低投资门槛，定位升值投资

2003年，房地产业被定为国家支柱产业，发展迅猛。与此同时，房地产也成为重要的投资对象。独栋别墅由于市场供应量日趋减少，升值潜力巨大，经济型独栋因其依然保持着独栋别墅有天、有地、有院、有车库的"四有"品质，并凭借着较低的总价格成为市场中的畅销产品，一些中产阶层人士利用闲置资本投资独栋别墅。但经济型独栋面积小、套内交通空间比例偏大、垂直交通频繁等缺点难以克服，其市场同时受高品质联排别墅挤压。

2. Townhouse(联排别墅、叠拼别墅)的兴起与发展

Townhouse住宅起源于英国，是西方工业革命后为解决工人居住问题而创造的城郊住宅形式。20世纪90年代末，新生中产阶层家庭迫切希望拥有面积较大、上下分层、配备私家院落及停车位的住宅，但并不具备足够财力购买价格较昂贵的独栋别墅。1997年Townhouse概念首次以产品形态亮相中国。从配置、价格、土地利用等方面来看，其是介于独栋别墅与多层住宅之间的一种中间形态，具备"四有"品质，弥补了住宅市场独栋别墅与多层住宅之间的产品缺失，成为中产阶层家庭住房的另一选择。下文通过对属于Townhouse类别的联排别墅与叠拼别墅在我国建设的历史回顾，阐明不同时期的产品特点，理清我国本土Townhouse的发展脉络。下文介绍联排别墅的分代，主要从产品设计特点来划分，而不是简单的以时间为断代标准。

(1)价格低廉、品质平庸的第一代联排别墅

我国第一代联排别墅很大程度上借鉴了欧洲原型(图4)，由几栋或十几栋地上3层、地下1层的别墅式住宅相互并联而成，套型首层进深3～4进，面宽1～1.5开间，面积多在180～250m²之间。第一代联排别墅创造性地实现了我国独栋别墅与多层住宅产品之间的细分，在功能定位及人群定位方面具有以下两方面特点：

4.英国拉夫堡早期联排别墅街景(图片来源：维基百科)

①室内面积适中，满足"核心家庭"自住

第一代联排别墅套内功能空间配置中规中矩，一层主要为起居、餐厅等家庭活动空间，二至三层布置卧室及相应的附属空间。各空间尺度适中，总面积适中，附属设施配置比较完备，可以较好满足"核心家庭"自住需要。

②总体价格适中，定位中产阶层

第一代联排别墅对土地利用率较高，土地成本相对较低；住栋平面规整，横向重复并联排列，结构简单，施工方便，造价较低。所以，第一代联排别墅产品总价适中，对于大部分中产阶层家庭来说，是可以负担的别墅类住宅。

第一代联排别墅面宽小、进深大的狭长平面形式虽然提高了土地利用效率，但导致室内功能布置受限，套型中部采光通风受限。为解决室内功能布置问题，一些项目采用"错层"手法，局部降低层高，增加层数，目的是在有限的面宽面积内实现更多功能(表1)；为解决套型中部采光通风问题，市场上出现住栋前后交错并联、利用梯井上空

第一代联排别墅利用"错层"实现主、次卧室面积与数量的合理分配　表1

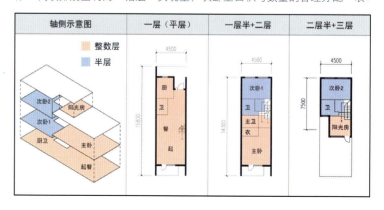

第一代联排别墅利用内庭院及天窗改善室内采光通风　　　　　表2

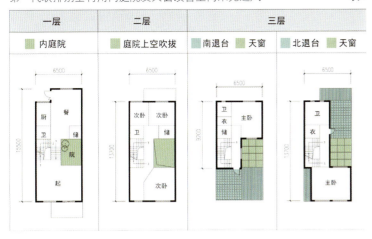

天窗采光、设置内庭院(表2)等方法加以改进。然而,上述变通设计方法在解决某一空间存在问题的同时,却对其他空间和功能造成了一定程度上的负面影响,改进幅度有限,并未触及问题本质。

另外,成排的3层联排别墅形如一道道"高墙",导致宅间街道有"深""压"之感,街道、院落采光不良,造成第一代联排别墅小区面貌不佳;同时,由于道路所产生的间隔有限,两列联排别墅间隔常小于18m,存在南北对视的问题。

从以上方面来看,第一代联排别墅虽然较好地平衡了别墅品质与较低价格两方面因素,满足了部分中产阶层对中低价位、中等品质别墅类住宅的需要,但从室内空间使用舒适度、私密性与院落、街道品质方面与独栋别墅品质仍有较大差距,市场上仍存在着一定数量的中产阶层消费族群,渴望更具"别墅感"的联排别墅类住宅,市场梯度有待进一步细分。

(2)品质有所提升的第二代联排别墅

2002年,北京玉龙吉胜房地产开发公司提出"宽House"概念,成为改变第一代联排别墅形态的首度尝试(图5)。第二代联排别墅是第一代联排别墅与独栋别墅产品之间的再次细分,旨在改善室内环境舒适程度、提高院落品质、进一步增强"别墅感"。与第一代联排别墅相比,其主要进行了以下三方面的改进:

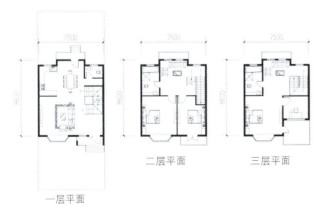

5.面宽较大、平面方正的第二代联排别墅平面

①调整进深与面宽比例,改善室内采光通风

第一代联排别墅面宽小、进深大成为影响其品质的最大因素。第二代联排别墅将进深缩至3进或3进以下,面宽扩大至2开间左右,通过对进深与面宽比例的调整消除了第一代联排别墅套型中部的不利区

第二代联排别墅首层面宽的利用　　　　　表3a

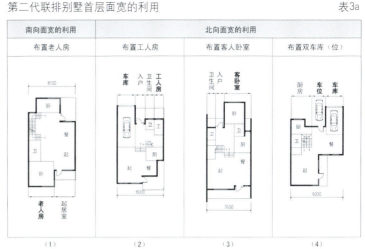

第二代联排别墅二至三层面宽的利用　　　　　表3b

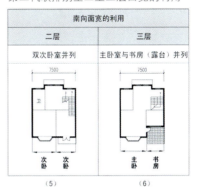

域,并实现了包括餐厅、卫生间等空间的全部露明,室内采光通风得到大幅度改善。

②充分利用面宽,优化室内格局

面宽增大有利于实现室内生活空间的更优布置。例如,首层利用南向面宽设置老人房,减少行动不便的老人上下楼频率(表3a-1);利用北向面宽在靠近厨房处布置工人房,方便工人工作(表3a-2);在门厅旁设置客人卧室,避免主客相互干扰(表3a-3)。二层南面宽并列设置双次卧室,三层主卧室与主卫、书房、露台等并列设置,主、次卧室及配套空间品质均有所提升(表3b)。另外,第二代联排别墅可在首层分出部分面宽设置室内车库,并可结合庭院中停车位形成双车库(位)(表3a-4)。

③扩大庭院面积,拓展庭院功能

住栋面宽的增大带来前后庭院面积的增大,庭院除了入户及停车的功能外,可以根据住户不同需要设置自然景观或娱乐设施,庭院利用率提高。一些套型通过缩进面宽的方式引入三面围合的内庭院空间,在改善室内采光通风条件的同时,为家庭提供更加私密的庭院生活方式。

第二代联排别墅通过调整容积率与品质之间的平衡关系,从本质上对第一代联排别墅进行了改进,室内、外空间品质大幅提高,但土地利用效率有所降低,是介于第一代联排别墅与独栋别墅之间的中间产品,达到了增加市场梯度的目的。

(3)更加具有别墅感的第三代联排别墅

2003年别墅建设用地停供,而市场上对独栋别墅的需求仍然存在。2003年"卡尔生活馆"作为新一代联排别墅类型的一例,通过对住栋体型及院落的创新调整，进一步向独栋别墅靠近，适应市场需求，实现了第二代联排别墅与独栋别墅产品之间的再次细分，具有以下两方面较鲜明的特点：

一层平面　　　　　　　二层平面

6．"十字型"联排别墅平面

各代联排别墅住栋平面与庭院形态比较　　　　　　　　　　　表4

第一代	第二代	第三代
住栋平面狭长、庭院狭小	住栋平面方正、庭院宽敞	住栋平面灵活、庭院形态丰富

①突破规矩形态，活化室外空间形态

第三代联排别墅开始出现十字型（图6）、T字型等较灵活的平面形式，住栋整体面宽进一步增加至3开间。住栋周围形成形态丰富、功能分区的院落空间，与前两代联排别墅相比，庭院面积进一步增大，庭院品质向独栋别墅靠近（表4）。富有凹凸变化的住栋有利于街道及庭院的采光，街区形象灵活、尺度宜人。

②减少层数，提高室内使用舒适度

第三代联排别墅变地上3层为2层，平层面积增大，各层均设有家庭活动空间及卧室，可根据不同家庭组成灵活分配，垂直交通频繁的矛盾得到进一步缓解，对家庭结构变化适应能力较强；大面宽保证了室内充足的采光，进深较小处南北双向开窗，通风效果良好，室内舒适度向独栋别墅靠近。

第三代联排别墅在追求"别墅感"的同时存在以下不利情况。第一，由于面宽较大，对土地利用效率不高；第二，平面的凹凸进退带来邻里间对视问题；第三，住栋体型凹凸进退，虽然通风采光面积增大，但不利于节能保温。

（4）介于联排别墅和多层住宅之间的叠拼别墅

叠拼别墅由多层别墅式住宅上下叠落组合而形成，属Townhouse类别，与第一代联排别墅同时从欧美国家传入我国，是第一代联排别墅与多层住宅之间的中间产品。"叠拼"与"联排"两种住栋组合形式各有利弊，叠拼别墅的优势主要体现在以下三方面：

①容积率接近多层

叠拼别墅地上4~5层，可两套跃层住宅上下叠拼，亦可三套住宅上、中、下叠拼，容积率可达1.0~1.2左右，对土地利用率相对较高。

②侧墙面得到解放

叠拼别墅非左右相连而上下相叠的形式解放了侧墙，平层一梯两户的套型具有端单元套型特点，各户均可得3面外墙；单户大平层的套型可得4面外墙，保证了良好的室内采光通风；底层并联两户除得三面侧墙外可得三向院落，庭院品质大大优于联排别墅。

③上、中、下层套型差异化（图7）

叠拼别墅套型组合灵活，有利于提高市场适应性。对于各层套型，市场上出现了多种处理手法：

· 中间层设置大平层套型。套型内虽不具备院落或露台，但面宽大，采光、通风、视野俱佳，室内空间可分为家庭活动区与卧室区，私密性可以得到较好的保证，大平层套型无上下楼麻烦，不会给家中高龄者生活带来不便。

· 采用局部跃层套型。底层与顶层套型通过局部跃层形成下沉庭院或阁楼，活化了室内空间，增加了卖点；中间层套型通过调整跃层部分面积，使得上、下层住宅空间交错相叠，套型面积减少，满足市场对叠拼别墅中、小套型的需求。

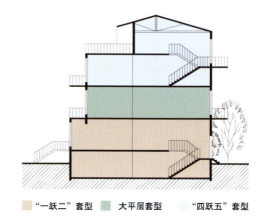

7．叠拼别墅上、中、下不同套型组合示意图

叠拼别墅采用上下叠落的组合形式虽具备以上优势，但牺牲了"四有"品质，使得底层住户有地无天，顶层住户有天无地，中间层住户只能拥有一定面积的阳台。另外，叠拼别墅中由于中、顶层使用者需从底层通过垂直交通上至住宅所在层入户，造成底层住户庭院面积有所损失，垂直交通方式需要通过特殊设计以保证一层住户的私密性。

3.普通多层住宅改良形成的现代花园洋房

19世纪末，上海租界区出现作为官僚、买办居所的早期的花园洋房。2000年前后，花园洋房概念被再次提出并作为一种新型住宅产品通过市场提供给特定的客户群体。从层数、配置及容积率方面来看，现代花园洋房是联排别墅与多层住宅之间的中间产品，在景观与居住环境舒适度方面较普通多层住宅具有以下优势：

(1)向各户引入大面积绿色空间

20世纪90年代末，我国城市中多数住宅小区由楼栋体型方正、密度较高的多层住宅组成，这些多层住宅除顶层与底层套型具有私家庭院或屋顶露台以外，多数住户在家中很难近距离感受自然。现代花园洋房概念通过向各户引入入户庭院或景观露台，为住户营造了绿色居住环境，改变了城市中单调的楼宇形象，增加了住宅供应市场结构层次。2002年，万科集团提出的"情景花园洋房"模型(图8)采用逐层退台的阶梯式住栋形式为各套型创造了形式不同、上下交错的露台空间，成为自然景观的良好载体，是我国现代花园洋房的样板。

8.逐层退台的"情景花园洋房"外观(自摄)及侧立面(图片来源：万科广告)

(2)层数减少、密度降低

现代花园洋房与普通多层住宅相比，层数有所降低，以4~5层为主，即使不设电梯，也不会给住户造成特别大的上下楼困难。随着电梯技术的发展，一些高品质花园洋房中也配置电梯，电梯价格在住宅总价格中所占比例较小，社会认可度较高。另外，花园洋房层层退台的住栋形式使小区内空间疏朗，绿色点缀其间，与市区内多层高密度住宅小区形成反差。

然而，真正意义上的现代花园洋房并不十分适合大范围推广。在我国北方，住宅设计需着重考虑住栋节能保温性能，现代花园洋房体型凹凸较多、外表面积大，导致体形系数偏高，冬日能耗较大。另外，现代花园洋房虽有层数优势，但平层面积由下至上逐层缩小，对土地利用效率相对较低，在土地价格高昂地区也难以形成气候。所以在一些北方大中城市近郊，一些打着"花园洋房"旗号的住宅产品却只是楼栋方正、露台面积有限、功能一般的多层住宅，与现代花园洋房所倡导的概念并不相符。

三、结语

我国住宅商品化改革以来，市场成为住宅发展的巨大动力，消费者需求的多样性导致住宅产品类型不断增多。在这种背景下，低层低密度住宅作为一种面向中产阶层客户群体的高档住宅类型呈现出良好的发展态势。一方面，低层低密度住宅从"西学"走向"中用"。以独栋别墅为例，在经历了早期短暂的单纯模仿阶段之后，很快就开始了适应国情的本土化进程，土地资源、市场需求与国家政策等成为决定此类住宅发展方向的主要因素。另一方面，低密度住宅产品从单一化走向多元化。以Townhouse为例，为适应市场需求，通过调整品质与容积率间的制衡关系，实现了市场结构层次的多元化，以便为不同客户群体提供多样选择。

面对土地资源供求关系紧张的现实，低层低密度住宅未来的发展方向需要审慎考虑。本文以发展为线索，阐述了近10年来我国商品化低层低密度住宅产品的演进过程，梳理了各个阶段此类住宅产品的特征与优劣，旨在为开发商、建筑师及政府提供历史参照和决策与设计的依据。

作者单位：清华大学建筑学院

多层板式住宅的行列式布局的发展回顾
A Review of Development of Parallel Layout for Multi-Story Row House Cluster

韩孟臻 *Han Mengzhen*

[摘要]本文简要回顾了主要应用于多层板式住宅的行列式布局规划模式的发展历程，包括它在我国计划经济与市场经济不同历史背景下的发展和演变，以及背后的成因。

[关键词]多层板式住宅、行列式布局

Abstract: *This paper briefly reviewed the course of development of the Parallel Layout for Multi-Story Row House Cluster in China. Especially, the paper focused on the variations of Parallel Layout prototype, under the huge and rapid changes of China society, such as those occurred from planned economy to market economy, and analyzed the reasons of the variations.*

Keyword: *Multi-story Row House, Parallel Layout*

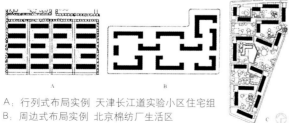

A：行列式布局实例 天津长江道实验小区住宅组
B：周边式布局实例 北京棉纺厂生活区
C：混合式布局实例 北京幸福村

1.多层板式住宅的布局模式及典型实例
(图片来源：《居住区规划设计资料集》，p.31，245；《居住区规划与环境设计》，p.30)

单元式多层板式住宅，是我国最为常见的集合住宅楼栋形式之一，尤其是在20世纪的80、90年代曾在我国大江南北被广为采用。其后，随着城市化的进程和大、中城市中心区开发强度的迅速增高，新建的多层板式住宅项目多集中在城市的边缘地区。从形态学原型的角度，多层板式住宅楼栋的规划布局模式可以划分为以下三类：行列式布局、周边式(或街坊式)布局，以及结合以上两种模式的混合式布局(图1)。其中的行列式布局在我国多层板式住宅规划建设中占绝对主导地位。

当我们乘坐飞机在城市上空盘旋，稍加留意就会发现，无论是北京、上海，还是中国其他大中型城市，大部分的城市肌理，既不是四合院，也不是里弄，而是行列式布局的多层板式住宅小区。行列式布局已经、并且还将继续改变我们所赖以栖息的城市，呈现出它所特有的功能主义面貌，并因此而承载着诸多纷繁的争议。

本文将回顾行列式布局的发展历程，并简析它之所以能在我国大行其道的原因。

行列式布局的登场

由于现代城市居民对于行列式布局太过于熟悉，常会认为它是一种自然而然的存在。而实际上，行列式布局的出现是伴随着现代主义建筑变革，由规划师、建筑师所提出，并成功推广的。

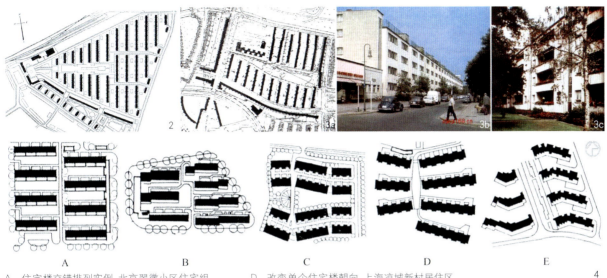

2. "Zeilenbau"风格的规划布局实例
(图片来源:MITARBEITER Willi Ahlmann.Housing Groups——City, Suburb, Country, Stuttgart: Karl Kramer Verlag, 1977:18)
3a、3b、3c.德国西门子城住宅区
4.行列式布局的常见变体
(图片来源:邓述平、王仲谷.居住区规划设计资料集.第六版.中国建筑工业出版社,2001:31~32)

A:住宅楼交错排列实例 北京翠微小区住宅组
B:单元错接排列实例 上海仙霞新村住宅组
C:成组改变住宅楼朝向 上海番瓜弄居住小区
D:改变单个住宅楼朝向 上海凉城新村居住区
E:改变单元朝向 常州红梅新村住宅组

　　行列式布局在多层板式住宅项目中的推广应用可追溯至现代主义者们倡导的"Zeilenbau¹"规划原则(图2)。在20世纪初期,为了满足由工业化所带来的郊区人口的居住需求,大量的住区项目采用集中建设的方式。而针对这些福利住宅项目,规划设计的重点逐渐由传统的追求纪念性的城市空间,转向到了追求如何最彻底地使用建设用地和满足具体的居住功能需求之上。第一个将行列式布局应用在集合住宅项目上的是建筑师Theodor Fischer,一位现代主义建筑的先驱者。此后,在诸如Walter Gropius、Marcel Lajos Breuer、Ernst May等第一代现代主义建筑师们的推动下,行列式布局被推广到全世界范围。早期最具代表性、影响力的项目当属1929年由Walter Gropius牵头设计的德国西门子城住宅区(Siemensstadt)(图3)。该项目的容积率为1,住宅楼高3~4层,居住单元平均使用面积是54m²,住栋间楼间距1:2,公共空间中设置了绿地和道路。特别值得指出的是:除了最南侧的一条长墙般的南北朝向住宅楼用于遮挡城市铁路噪声之外,其余部分全部采用东西朝向的行列式布局,特意营造出东西朝向的、仅有两个房间进深的居住单元,卧室朝东、起居室朝西,以保障早晚的阳光能够直射入居住单元。但其后的研究表明,在利用太阳的热工性能方面朝南向更具潜力。

　　将住宅楼布置成平行的行列式,主要是为了满足居住单元内部的居住功能需求,可获得良好的通风、采光等卫生条件,同时也符合当时所倡导的工业化生产的标准。在现代主义的发源地——德国,行列式布局一经推出,即在20世纪20年代的福利住宅建设中异军突起。它所带来的朝向、间距、绿地等方面的居住性能改善,以及形而上的居住品质均好的平均主义倾向,相对于当时德国城市中常见的周边式或者多重院落式布局的住宅具有明显的优势,代表了历史进步的方向。

　　随着行列式布局的推广流行,该布局的缺点也逐渐显露出来,主要包括单调、缺乏领域感的室外空间、没有可识别性的住宅楼和居住单元,以及对于传统的欧洲街坊式城市肌理的破坏。为了弥补上述缺陷,使住宅楼间的室外空间能够具有一定的空间变化(包含空间尺度、围合度等方面),建筑师们倾注了大量努力对行列式布局原型进行变形、演化,创造出丰富多样的行列式布局变体(图4)。

行列式布局之外的选择

　　为了更清晰地理解行列式布局的优缺点,以及解释它能够主导国内多层板式住宅的规划设计实践的原因,或许可以通过介绍它的替代选择入手。

　　首先是与之截然不同的周边式布局。该布局在欧洲城市中古而有之,它将多层住宅楼沿用地周边的道路摆放,形成对外部城市空间相对封闭的街坊。该规划布局模式在我国住区规划中的运用较早出现在为工业区配套的工人居住区中，应源自于20世纪50年代对前苏联规划设计理论的学习借鉴。该布局的优点是可以在街坊的内部营造出半公共、舒适宜人的内庭院空间，有利于社区居民的交流，并且可以提供相对高的建筑容积率，充分利用宝贵的土地资源。但是很快，周边式布局不能够适应中国气候环境的缺陷表露了出来：由于沿边界布置住宅楼，不可避免地出现较大比例、居住条件较差的东西向居住单元，尤其是位于街坊内部阴角附近的居住单元[2]。此后，周边式布局逐渐淡出多层板式住区的主流布局模式。

另一个替代选择是混合式布局。它是行列式与周边式的结合，以牺牲少量的东西向居住单元的生活品质为代价，换取了室外空间的丰富层次。但在实际中，混合式布局与行列式布局的变体们往往混淆在一起，较难划出一个明确的界限。这一布局方式常被用于获得较高的容积率、营造丰富的室外空间环境，或者适应非规则地形等情况。

基于以上三种布局模式的对比可见，虽然行列式布局自下而上、由内而外的功能主义初衷，导致了在住宅区规划层面上相对机械单调的楼栋分布、单一的外部空间以及缺乏识别性等与生俱来的缺点，或许还可引申为抹杀城市地域特色及全球化的帮凶，然而，它所能提供给居住单元的内部居住条件的均好性，自然日照、通风条件等良好的居住性能，的确是其他布局所无法比拟的。

具有中国特色的行列式布局

尽管自20世纪70年代开始，源于"Zeilenbau"的行列式布局由于无视基地地形和忽略城市文脉而在欧洲广遭批判；在20世纪80年代后的中国，伴随着大批量的住宅建设，行列式布局在经历了大量、反复的实践应用之后，逐渐发展形成了适应我国气候和居住模式特色的行列式布局模版，在多层板式住区项目中大行其道。如Broudehoux在《Neighborhood Regeneration in Beijing——An Overview of Projects Implemented in the Inner City Since 1990》中指出的：（20世纪90年代）北京大部分的新建居住项目采用了行列式布局。这或许因为我们的城市并不像欧洲典型城市那样，具有多层的、街区式的文脉传统。

20世纪90年代，我国典型的行列式布局模版包括了简单变化的住宅楼及其楼间空间，和集中设置在组团核心位置的绿地（图5）。住宅楼的简单变化往往通过单元的前后错动和小角度旋转等手法，以相对小的动作，在尽量不浪费土地资源、降低容积率的前提下，对原本单调均质的室外空间加以改良。而相对简单的外部空间中最主要的活跃要素则是组团绿地。根据规范，组团级绿地需大于等于400m²，且大于等于1.5倍的楼间距。绿地中常包含简单的运动器械、活动场地、座椅以及各种绿化植物，以满足居民，尤其是老人和儿童的室外活动需求。除了将一个完整的绿地布置在住宅组团中心之外，也有很少的例子将组团绿地分解为若干个小绿地分散在组团之中。由于集中型布置的组团绿地，同时可以为本社区居民提供一个被板式住宅楼围合，半公共/半私密的专属空间，该处理手法被最广泛地接受和复制。

选择行列式布局的原因

行列式布局除了众所周知的建筑物理性能方面的优势：自然通风、日照、景观以及均好性之外，它在我国的大流行尚有符合居民偏好和适合我国国情等的背后的原因。

首先，行列式布局可满足中国人对于南向的普遍偏好。调查表明78.5%的被调查者希望自己的起居室或者主卧室朝向南向。该偏好的形成经历了漫长的历史过程，具有物理层面的合理性，其根本原因应是我国的气候特征——大陆性季风气候：冬季寒冷，主吹西北风，夏季炎热，主吹东南风。在该气候环境中南北通透的住宅不仅拥有较好的日照条件，而且有利于冬季的保温和夏季的自然通风。此外，在漫长的历史演变中，上述南向住宅的客观优势逐渐上升为风水理论之一，从而使得南向在普通中国人心目中被升华为具有特殊象征意义的、优先考虑的朝向。对于不同朝向的偏好程度可以在中国北方最具代表性的传统民居形式——四合院中清晰地阅读出来：依据中国古代封建家长式礼制，不同朝向的房间被分派给具有相应地位的家族成员：南向的上房往往被男性家长或者女性家长所占用，东西朝向的厢房是子女的房间，而北向的房间常用作客房、主仆房间及其他用途。

其次，在20世纪80年代，行列式布局也是当时的经济体制和分配制度的最优选择。在社会主义单位建设、实物分配的运行体制之下，多层板式住宅被用来服务于相对平等、对南向拥有共同偏爱的众多家庭，因此将之沿南北朝向布置，并在整体上形成具有平均主义倾向的户内居住条件也就成为顺理成章的选择了。该布局模式的大规模应用甚至形成了很多中国城市的特色肌理。与此形成有趣反差的是，作为行列式鼻祖的"Zeilenbau"布局却是沿东西朝向布置。

现实与展望

伴随着我国从计划经济向市场经济的改革，1988年住宅体制改革

5.集中布置组团绿地——行列式布局的常见模式（河北邢台世纪名都住宅小区局部）
（图片来源：国家康居示范工程规划建筑设计方案精选.建筑学报，ASC，No.395，封二，2001）
6.北京蓝旗营住宅小区
7a.7b.北京锦秋知春小区

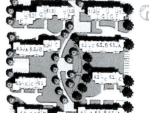

8a、8b.北京万科西山庭院小区

开始推行,福利分房制度走向终结,以房地产市场为导向的住房建设和分配体系逐步建立、发展。这期间也正逢我国经济高速稳步发展,城市化进程加剧,大中城市的开发容积率不断增大。以上原因致使原本由行列式布局的多层板式住宅一家独大的单一局面,迅速地转变成以迎合市场的利益最大化为根本目的的各种住宅类型、布局模式百花齐放的情景。

在大中城市的中心区域,由于容积率的要求,高层住宅成为惟一可行的选择。而消费群体对于南北通透型居住单元的执著偏好,在市场的无形之手导演下,高层住宅与行列式布局杂交出若干新品种。

一种常见的类型是将散点式布局的高层塔楼与行列式布局的多层板楼并置混合布置,以满足不同消费群体的要求。以北京蓝旗营住宅小区为例(图6),在以高层塔楼为主导的小区核心位置布置了两栋行列式多层板式住宅,尤其是南侧的一栋6层高南北通透的住宅楼直接面对中心绿地,可称为该小区中户型与环境的"双冠楼王"。更加紧密地结合体现在所谓的"板塔结合"住宅中,它将板楼和塔楼直接拼接在一起沿行列式布置,北京的锦秋知春小区(图7)是该类住宅的代表性作品。此外还有所谓的"高板"和"短板",可看作是高层住宅与行列式布局较有机地融合。"高板"早已有之,只是把多层板楼直接加高,依然采用行列式布局;但由于日照间距是固定不变的,该做法对于容积率的提高有限。"短板"则是利用现行设计规范中对于板楼和塔楼界定的边缘临界值,采用行列式布局来组织平面呈"短板楼"、形体属于"塔楼"的住宅,这既保证了高容积率,又可产生南北通透的居住单元。

在高层住宅与行列式布局不断融合的同时,新的以行列式布局为主的多层板式住宅小区,由于所能达到的容积率有限(根据北京市的日照要求,约在1.5左右),多建于容积率要求较低的城市边缘地区,消费目标群也逐渐转向中高收入阶层。根据环境行为学中人的心理需求的层级结构,该收入阶层的居民不会仅满足于居住单元内部的布局合理、居住舒适等要求,而会进一步对外部居住环境和景观层面提出更高品质要求。市场总是能敏锐地捕捉并迎合消费的需求,当前大、中城市中新建的行列式多层板式住宅小区的规划设计重心正是发生了与之相应的演变——较大的户型布局设计与宜人的室外空间设计并重,建筑设计与景观设计并重,如北京万科的西山庭院小区(图8)。

近年来随着多层板式住宅的发展,在大中城市的边缘区域形成了原型一致,而外观迥异的两类行列式多层板式住宅小区的生硬拼贴:建于20世纪70、80年代的面向郊区居民的衰落、杂乱的小区,和新的面向当前中高收入阶层的环境品质优越的小区。由此,为以上两类居民的不同生活而服务的商业、教育等城市配套设施又该如何定位和布局呢?可能正是这些矛盾、妥协而带来的动态平衡,勾勒出我们现时的城市面貌,在一个侧面记录了建国60年来我们的历史。

*本文系国家自然科学基金资助项目50608042

注释

1.Zeilenbau:德语词,意指呈线状的建设房子。通常被应用于具有相同朝向的多层板楼,采用了平行的一排一排的方式布置,在端头开放。它通常与1920年代的德国功能主义住宅项目相联系,也被其他国家使用。

2."这种组合形式的院落能为居民提供一个安静的居住环境,但由于过分强调对称,或"周边式"布局造成许多死角,不利通风和日照,居住条件恶化。"摘自:赵冠谦,开彦.中国住宅建设科技发展五十年.Website available at:http://www.chinacon.com.cn

参考文献

[1]SASAKI Hirosi. コミュニティ 画の系谱. 鹿岛研究所出版会,1971:119~125

[2]MITARBEITER Willi Ahlmann. Housing Groups——City, Suburb, Country. Stuttgart: Karl Kramer Verlag, 1977:17~18

[3]BROUDEHOUX Anne-Marie. Neighborhood Regeneration in Beijing——An Overview of Projects Implemented in the Inner City Since 1990. Masters thesis of McGill University, 1994

[4]建设部. 城市居住区规划设计规范. 条文 1.0.3, 条文7.0.4, 1994

[5]Bjyouth.com. 逾五成被访者认为朝向重于景观. Website available at:http://www.bjyouth.com.cn

[6]China Vista. Siheyuan——the Chinese Quadrangle. Website available at:http://www.chinavista.com

作者单位:清华大学建筑学院

对深圳市早期住区形态特征的片断认识
A Fragmental Reflection on Community Morphological Characters in Shenzhen in the Early Reform Era

刘尔明　*Liu Erming*

[摘要]本文记录了深圳作为改革开放的前沿城市，其早期住区的形态特征和空间意向。从城市的角度理性反思其形态特征，有助于我们对城市和居住的理解与思考，并有助于在这些逐渐衰落地区的改造和复兴过程中，重塑社区和城市精神。

[关键词]住区、形态特征、空间意向

Abstract: *The paper records housing community morphological and spatial characters in early reform period of Shenzhen where has been the pilot site for reforms. Reflections on these characters from an urban perspective will benefit our understanding to city and living, and help us to remold the community and urban spirit in the renovation and redevelopment works in certain degrading areas of the city.*

Keywords: *community, morphological characters, spatial intentions*

自20世纪80年代初中央将深圳作为中国第一个经济特区建设以来，经过整整30年的发展，深圳已由一个数万人的边陲小镇逐步发展演变成一个人口超过千万的新型特大都市，并成为了港澳和珠三角都会地区的重要组成部分。急剧城市化过程使其社会、经济、文化与环境一直处在一种持续和跳跃性并存的变化之中，30年的变化几乎浓缩了西方城市自花园城市理念出现以来100余年的城市发展历程。住区作为构成城市实体环境的重要组成部分，其形态的发展和演变不仅见证了城市发展的轨迹，同时又从某种程度上折射了我们对环境的理解和对待城市的态度。深圳住区30年的发展，形形色色的空间图式的变化，向人们展示的不仅仅是一种单纯的住区数量和质量的变化，或社会主义计划经济时代福利政策到市场经济时代商品消费的转变，它更蕴含了一种价值观念的更替。这种更替表现为从对政府主导下的"现代化"居住理想图式的追求到市场背景下对资源价值的理解和整合的过渡；从单纯的功能主义美学表达到对多样化城市问题的关注的转变；从单一的建筑学命题到综合的城市设计视野的延伸。也许正是这些观念的转变塑造了深圳住区由"深圳制造"到"深圳创造"的过程。因而从城市的角度理性反思构成今天城市意象基础的早期住区形态特征，当有助于我们对城市的理解和思考。

1.深圳20世纪90年代已初步形成带形城市网格系统

一、深圳早期城市发展与住区的形成

深圳早期特别是特区建立之初10年的住区形态充分展示了对社会主义现代化新城理想居住模式的多样化探讨。作为中国经济改革开放的"试验场",城市建设作为一种政治选择的表达,选址在紧邻香港的一片荒凉的山岭与滨海之间的线型地带,意在向深圳河对岸的香港展示和树立一个社会主义现代化新城生机勃勃的典型。城市采用沿广深交通走廊、契合地形地貌特征而又高效的带形网格的基本构架,在"时间就是金钱,效率就是生命"的革命热情鼓舞下,开始了追求"新加坡的城市环境,香港的城市效率"的漫漫征程。从带形走廊城市的重要中心罗湖、上步中心城区开始,逐步向两端的蛇口工业区和沙头角工业区延伸,在推土机日夜的轰鸣声中,来自全国各地的建设者以惊人的速度推平了山头、填平了沟渠,至20世纪90年代初,已基本形成以交通走廊为主轴的组团式城市网格系统的雏形(图1)。城市住区在带形走廊两侧外围的纵深地带与成片的加工工业区相穿插,对以城市主要交通干线为骨架的网格进行填充。网格的规模由城市主要交通干道限定,间距普遍在600~1000m之间,因而住区规模大多数在25~60hm²不等。在城市格局基本形成的今天看来,这些住区的用地规模较大,而路网密度普遍较低[1]。

二、空间结构的多样性与概念的模糊性

现代化对一个饱受西方世界封锁和自我封闭长达30年的新兴社会主义国家是一个遥远而抽象的概念,带着一种对城市价值观念的迷茫和"摸着石头过河"的实用主义探索精神,源自西方和前苏联社会主义新城开发中普遍采用的模式和形态在早期深圳的住区建设中被快速地复制、引用,并付诸实践:园岭小区采用了苏联及当时国内盛行的居住区分级结构模式(图2);紧邻其西侧仅一路之隔的白砂岭居住区作为早期高层商住区采用源自"柯布"式的超级巨型街区的意念(图3);怡景花园别墅则采用1960年代建立于机动车文明下的美国郊区式蔓延的开发方式与内地居住区模式的混合,明确分级的环状道路与网格道路的并置,为中国式"美国梦"作出回应(图4);而代表这一时期住区建设经典的莲花村同样采用现代主义"柯布"式的巨型街区意念,一条视觉上开放的连续竖向绿带串联起由自由的板式与点式住宅穿插而成的组团绿地,所有的公共配套设施如市场、居民活动中心、学校、幼儿园等均随机地沿着这一绿带开放,不同形态的花园构成的步行走廊沿其展开。区内采用简单的人车混行系统,并在每一组团与城市道路相接的外围入口处提供小型机动车停放场地(按1个/10户车位的标准设置)(图5)。总体而言,早期这些多样化形态的住区,以高效快速的方式,在应对迅速的城市化过程中对居住空间"量"的需求方面,发挥了积极的作用,同时亦表达了规划师与建筑师在纯粹的城市功能分

2.深圳园岭小区规划平面
(图片来源:参考文献3)
3.深圳白砂岭小区规划平面
(图片来源:参考文献3)
4.深圳怡景花园别墅区规划平面
(图片来源:参考文献3)
5.莲花村规划平面
(图片来源:参考文献3)

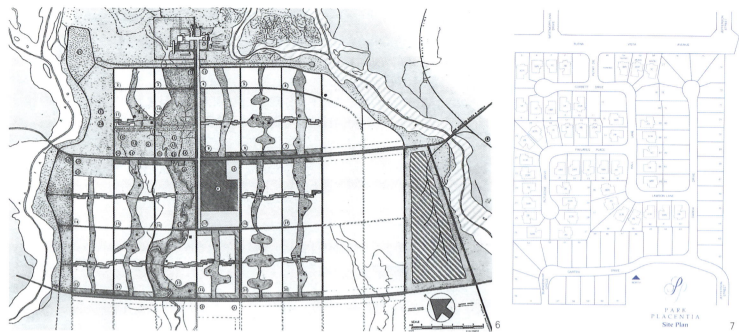

6.柯布西耶现代主义理念下的印度昌迪加尔巨型街区(Super-block)系统规划,市场街和公园系统分别在水平和垂直方向穿越800m×1200m的巨型街区
(图片来源:参考文献6)
7.20世纪典型美国式郊区开发模式,这一模式建立于汽车文明与私有制的土地划分方式(Sub-division System)(图片来源:美国加州某房地产广告)

8.美国加州萨克雷门托首府河滨公园(Capital River Park)规划,建立在TOD及TND理念基础上的新都市主义,强调公共交通作为空间整合的手段,传统街区模式作为空间基本元素(图片来源:参考文献7)
9.美国加州萨克雷门托西拉谷那住区(Laguna West),住区的空间建构以一条斜向大街将不同的住区单元、开放空间及公共设施连为一体,充分体现住区的开放性和公共性(图片来源:参考文献7)

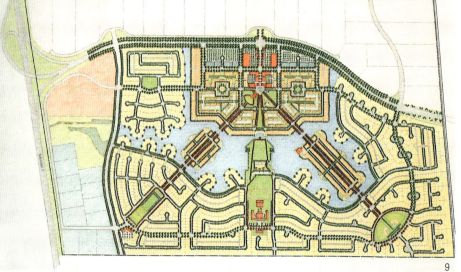

区原则下对城市空间和居住环境理解的多样性与模糊性。尽管我们无法将深圳这种跨越式发展过程出现的住区形态类比于城市发展和演替都遵循明确理性秩序的西方近代城市，如巴洛克城市、花园城市、网格城市、后现代城市，及北美新都市主义城市形态，但在全球化环境下，我们依然可以从深圳的发展过程中看到这些源自西方背景下理念对住区形态片面影响的痕迹（图6～8）。

三、住区的空间形态特征

1. 开放的空间与内向型功能布局

深圳早期住区的形态源自现代主义所倡导的城市功能分区的规划理念，因而其布局大多建立在由城市干道形成的地块内，形成明确的等级层次体系，由于规模较大，普遍采用院落、组团、小区中心式的三级结构，相应的道路形态亦采用宅前小道、次要道路、主要道路的分级模式。计划经济时代明确的分区以及严格近乎僵化的配套设施指标的限制，形成了小区既面向城市空间开放又以自我为中心的内向型功能布局的矛盾体。公共设施的布局则往往被理解成以直线式抽象的服务半径来定义，而非以空间的可达性来衡量。如白砂岭小区在一个四周由城市干道形成的近60hm²的矩形地块内，采用"菱形"的内部道路形式，将用地划分成五大组团，公共配套设施结合不同形态的高层住宅，分散穿插于不同地块之间，不同地块自顾自的开发形成与外部城市空间孤立内向、散乱的设施布局，不仅加剧了住区内部空间的混乱，同时菱形的道路网格设置也大大地阻碍了公共设施的可达性，原本完全开放的组团由于后期封闭式组团管理和城市功能的进一步融合，更加剧了原有内向型功能布局的矛盾。而采用"风车型"布局的园岭小区则是在明确的规划指导下逐步开发形成，按不同时序快速建设的组团之间围绕以高层裙房形成的公共服务带，强化了以公共设施作为住区空间中心的存在，尽管正交的网格式道路系统保证了其与城市空间及住区内部的可达性，但内向居中位置的服务带及与外向城市界面的封闭性阻碍了其与城市其他区域的共享。同时由于住区中心高层的集中，设计中缺乏对高密度开发与开放空间的对应考虑，导致大量活动的过分集中，内向式的中心高密度成为空间混乱的根源。同样，这种住区功能组织的内向亦体现在小学的布局，园岭小区早期规划的三所小学均深入组团内部，既违背了公共设施开放与共享的原则，又忽视了其对住区私密性的影响。功能的开放性与共享往往构成社区结构布局的基础及城市与社区互动的纽带，如建立于TOD及TND理念基础上的新都市主义（New urbanism），强调以公共交通节点形成的公共服务中心作为空间整合的手段，传统街区作为空间构成元素，连续通达的街道连接起多样化、混合的住区（图9）。

2. 住区交通组织的简单化处理

深圳早期快速城市建设起始于由主要城市道路限定的空间网格内地块的逐步开发，一定程度上保证了主要道路的连续性和通达性，而由城市干道划分大规模住区的独立式开发设计，由建筑师或规划师按个人的感觉和经验，在缺乏深入、理性研究及必要的街道设计指引下完成，对非机动车的低密度时代也许有效，而在机动车作为主要出行工具的时代则会彻底失灵。前述的白砂岭小区采用"通而不畅"的图形化处理，住区内部"菱形"环道与周边矩形道路相接，构成一个以"开放的菊花"为基本构图的巨型街区²，以"打破行列式"的单调形态原则为出发点的巨型构图对万米高空俯览住区也许会有意义，但随着住区密度和机动车数量的增长，外部和内部超负荷的机动车交通对住区居民则成为一种挥之不去的噩梦。造成这种噩梦的原因，我们只要认真观察一下小区的道路结构与周边街区的关系，就不难找到答案：首先，控制南北向出入口数量保证了主要道路的通达性，却忽视了与周围城市道路或街道的连续，即城市活动的连续性；其次，与周边城市肌理形成鲜明对照的内部交通的低密度，加之环道外缺乏具有可选择性的次级通道，使中心环道成为巨大的交通岛；另外，其公共设施的分散无序组织及规划后续超强度开发加剧了住区内部的人车冲突。如果说当年柯布西耶体现现代主义城市理念的超级街区采用人车立体分流的模式，反映其对机械文明时代城市高强度开发和空间高效运作的理解（图10）；以罗伯·克里尔为代表的以城市街区、广场、街道为元素构建后现代主义城市理念，体现了对传统城市空间连续性与多样性的讴歌（图11）；白砂岭住区的规划则代表了深圳早期住区规划设计对城市整体性理解的模糊与混沌，住区形态伦落为一种形式的

10.柯布西耶1922年所倡导的人车立体分流的现代主义空间理念（图片来源：参考文献6）
11.罗伯·克里尔后现代城市理念下的城镇空间，德国波茨坦基希斯菲尔德项目（Kirchsteigfeld）（图片来源：参考文献5）
12.传统的与现代都市空间体系，前者（上）体系清晰而明确，后者（下）秩序混乱，源自建筑与空间关系不同的建构逻辑（图片来源：参考文献6）

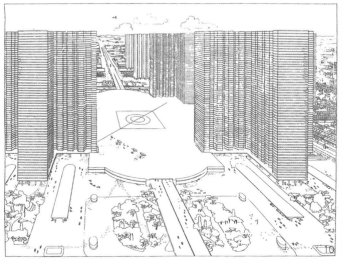

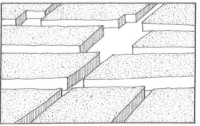
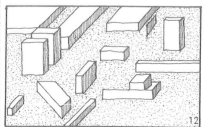

"躯壳",而非理性的技术表达。

3. 以建筑为中心的形体组织

现代城市高效的土地利用方式、快速的交通介入,以及人类对阳光与空气的追求,使都市空间结构形式发生了深刻的变化,其中构成都市实体的建筑与空间关系的转变是颠覆性的。传统都市形态中建筑从属一定的街区体块,而街区从属于按一定空间逻辑建构的具有方向感的整体;现代都市转变为以建筑为中心,个体标志性和都市结构片断的模糊是整体结构混乱而缺乏方向感的缘由(图12)。深圳早期住区设计中表达了这种以建筑为中心的空间构成倾向,住区则成为与使用者息息相关的都市结构之外孤立的体量集合。前述白砂岭小区内不同几何形态的高层,包括流线型板楼及塔楼共同渲染了城市景观的争奇斗艳,而与之相应的公共层面的外部空间则缺乏有效的整合。原本开放的中心组团中早期规划的乌托邦式公共花园由于小区边界的封闭而变成社区之间联系的阻隔(图13~15);莲花村3个不同的组团中心,利用不同几何形态及行列式与点式住宅的局部穿插,构成层次丰富的外部空间,并通过一条视觉上连续的绿带贯穿形成整体,却由于后期高层办公楼的随意性,特别是周围城市建成区的形成,导致沿红荔西路快速繁忙的城市机动车交通,无情地撕裂了这一规划师精心构造的空间走廊。同样,园岭小区二期多高层混合式组团中,设计者尽管考虑了单体建筑体量及其组织与城市空间的关系,但这种考虑依然是"从丰富的组团空间突出建筑的构图中心"的形式美学原则出发[3];在一个矩形的基地里,组团采用"X"型向心布局,四栋通过单元错接组合而成的折板式多层构成了控制性的组团结构,多层折板式住宅山墙交接处的消极空间上布置22层的点式高层,折板式多层沿城市界面或小区道路的外向式开放空间则以点式多层进行填充式的点缀,它们共同构成了以高层为中心的几何构成(图16~17)。如果说现代主义运动导致的行列式布局,其以建筑为中心的开放式空间构成方式反映了对阳光和空气的追求,而源自欧洲的街区式住区构成方式则适切地平衡了城市街道的连续性与街区的私密性;或中国传统坊里制封闭连续的街巷系统、内向的开放式院落表达了统治者对空间管制的强烈意志……都遵循了明确的空间理念与建构逻辑;那么园岭的小型组团的构建理念则是含混和缺乏说服力的。首先,将高层居中置于多层交错形成的夹缝处,违背了居住设计中体量与外部空间对应的原则;建筑与地块周围形成的开放而匀质的外部空间是模糊的,无论如何组合也难以形成积极的城市界面和相对完整的社区半私密性空间;其结果只能以降低建筑的品质和损害社区的基本功能为代价。

4. 以道路为纽带的住区景观

承载现代城市快速机动车交通的等级式道路体系取代了传统城市以街道为网络的交通系统,街道空间的逐步消失成为现代城市的标志。而在城市起源和发展的历程中,街道始终作为城市空间构成的重要元素,它不仅构筑了城市基本的空间与景观结构,还连接多样的城市功能,推动城市的多样化与繁荣,并促进了城市社会的交流和空间防卫。纵观西方近代100余年来城市和住区的发展,对街道价值的重新发现,构成了许多城市规划思想的核心特征。深圳早期住区的空间体系一如现代主义都市建立在匀质化的以建筑景观、等级化的道路作为联系纽带的基础上,这种等级式的道路仅作为划分建筑用地及交通

13. 深圳白砂岭小区巨大的住宅建筑形体
14. 深圳白砂岭小区"菱形"道路周边
15. 深圳白砂岭小区与周围城市肌理的脱节(图片来源:Goole Earth)

16.深圳园岭小区中心高层
17.深圳园岭小区组团建筑形体的构成（图片来源：参考文献3）

联系的纯功利性手段，否认了街道在城市中存在的社会价值。因而，在设计中仅强调道路的宽度等级、道路的线型等单一技术处理，而缺乏与城市空间紧密一体的可达性、尺度感、舒适性及多样性的理性标准。住区空间的联系变成一种纯功利性因素，而忽视了空间联系过程中的品质。

西方传统街道与住区的布局中有两个重要的标准，即街道的渗透性和多样性。渗透性反映了城市与住区空间单元之间联系的便捷程度，而西方传统城市中"一般可接受的渗透标准为1英亩到1公顷"[4]，即街道间距100m左右，而按步行的舒适性标准，街道交叉口超过200m已谈不上舒适。如此，我们再反观白砂岭小区的空间道路系统就不难理解其空间构成的非理性。多样性则建构于空间形态的多样性和其支持的活动的多样性，功能的混合，空间的共享和融合是这种多样性的基础，如果我们再从这一标准来考察园岭小区中心主要公共设施带与道路的关系，就会发现其单一的交通功能、简单的线性布置及与城市空间的封闭关系，实际上是缺乏在街道空间多样化原则前提下的空间整合。如果街道能以一种自然的方式串联起办公、休闲、购物乃至小学、幼儿园等场所形成的外部空间，并以适当的方式穿插住区公园与公共广场，则可大大改善其空间的公共性品质。

三、小结

以上这些片断式的特征或部分塑造了深圳早期大型住区的空间意象，这些意象的形成过程则忠实地记录了一个特定时期内城市社会、文化、历史和环境变迁的历史，亦为规划和建筑设计这一学科的发展提供了难得的讨论素材。今天，这些早期住区与深圳市一样，经过急剧城市化带来的人口膨胀、空间增长及生活方式变更的洗礼，其空间形态和内容已经发生了深刻的变化，无一例外地处在一个逐渐衰落的过程之中。从住区作为城市空间的组成部分，其对城市的价值和公众的意义进行客观的解读，当有助于我们对城市和居住的理解，并有助于在这些逐渐衰落地区的改造和复兴过程中，重塑社区和城市精神。

注释

1.20世纪80年代，按深圳市总体规划控制居住区容积率，一般以多层为主容积率为0.7~1.1，多高层混合为0.8~1.15，别墅区为0.35~0.9，而第一个纯高层商住小区白砂岭小区设计容积率为1.8
2.详见参考文献1，第一节 深圳住宅建筑设计特点及其演进
3.引自参考文献4
4.引自参考文献2，P61

参考文献

[1]张一莉主编. 深圳勘察设计25年（建筑设计篇）. 中国建筑工业出版社，2006.2
[2]（英）拉斐尔·奎斯塔等著. 城市设计方法与技术. 杨至德译. 中国建筑工业出版社，2006.8
[3]深圳市城市规划委员会，深圳市建设局主编. 深圳城市规划. 深圳海天出版社，1990.8
[4]深圳市规划局，中国城市规划研究院编. 深圳城市总体规划（1996~2010）
[5]Rob Krier. Town-Space-Comtemporary Interpretation in Traditional Urbanism. Birhlauser, 2007
[6]Roger Trancik. 找寻失落的空间——都市设计理论. 田园城市文化事业有限公司，2002
[7]Peter Calthorp, The Nex American Metropolis,Ecology, Community and the American Dream. Princeton Architectural Press, 1993

作者单位：深圳大学建筑与城市规划学院

深圳住宅创新性及其对全国住宅市场的影响
Shenzhen's Innovative Housing Practice and Its Exemplary Effects to China's Housing Market

陈 方 *Chen Fang*

[摘要]深圳作为改革开放的前沿与窗口，其住宅设计与建设对全国的住宅市场具有试验与示范效应。本文从其住宅设计的背景、发展阶段及特色等方面，介绍总结了深圳住宅设计的创新理念，及其对全国住宅设计行业的影响。

[关键词]住宅设计、住宅市场、创新性

Abstract: *As the frontier of China's reform, Shenzhen's housing development has experimental and exemplary effects to the national housing market. From the background, development phases and characteristics, the paper generalizes the innovative ideas in Shenzhen's housing design and their implications to the national development.*

Keywords: *housing design, housing market, innovative*

一、选题意义

20世纪90年代初，中国明确了"住房商品化、社会化"的方向后，住宅产业成为国民经济支柱行业。其间深圳作为改革开放的前沿，其住宅设计与建设具有更多的试验与示范效应，在诸多方面的探索独具创新，其理念随着改革从沿海向内地延伸，也对内地的居住开发产生了巨大的影响，当然其中有正面的，也有负面的。

笔者试图根据自己从业与科研的经历，从居住设计的角度，对此作初步的探讨。

二、住宅创新研究背景

设计服务于客户，并超越客户。深圳的住宅创新理念，离不开其作为全国特区所特有的背景。深圳作为改革前沿与窗口，在诸多方面对居住模式提出了新的要求或碰撞，从而产生了一些新的理念与设计，至今影响全国。笔者将背景领域归纳为以下几方面：

1.政策领域

深圳的住房政策与相关规划设计条例经历了开放——灵活控制——收缩控制的过程。

深圳市是全国最早推行住宅商品化改革的城市，当时国内很多城市采用提高福利房租的方式，使之逐步接近市场价格。殊途并不同归，深圳的方式直接产生了一批像万科、中海之类的专业化市场化运作的开发主体，从而为设计创新提供了推动力。

在规划设计管理方面，深圳市借鉴了国外的规划控制理论，尤其吸取了紧邻香港的一些经验，侧重规划管理中的可操作性。在全国率先实行土地批租、zoning(区划控制)、奖励控制(incentive planning control)——如核增容积率等。透明、弹性、专业的管理条例为设计师提供了施展的空间，鼓励创新的同时，当然也带来了一些副作用。

2.市场领域

市场的观念较早地植根于深圳的居住设计之中。土地资源的匮乏，使得中国居民有着更深的不动产情节，因而对居住设计有着更为特殊的要求。市场竞争成为居住设计

1a~1d.深圳万科四季花城是突出人文精神的郊区社区的代表

不断创新、永不枯竭的源泉。深圳的居住设计理念与模式在全国的推广也是随着市场的推介来完成的。

深圳住宅市场早期除了住宅局供给的福利住房，有很大一部分是面向香港、台湾、澳门的侨汇房，设计上多采用香港集约设计的模式，为深圳住宅设计在空间紧凑、功能集约、高性价比等方面的特点打下了基础。当时深圳梅林一村的设计就是借鉴香港设计师的组团绿洲等高层集约空间的理念。

随着万科等本土开发商的崛起及欧美先进理论的引入，根据市场确定设计，再通过设计挖掘引导市场，成为住宅市场的主旋律。住宅从此也被定义为产品，与市场的结合度、共生度大为提高，并由此出现了很多独具特色、新型的住宅产品与设计。而产品更新的理念也从此深植于住宅设计之中。此时深圳的住宅设计呈现出一支独秀，内地效仿的局面。

随着开发商业务向内地的拓展，深圳的住宅设计理念也不断延伸；同时，随着深圳土地资源的匮乏，内地市场成为深圳设计师的新大陆，深圳的住宅设计从理念推介进入到了因地制宜、量身订造的阶段，呈现出更为包容与创新的模式。

而将住宅作为产品的理念也带来了副作用，其民生精神被极大地削弱，导致了今天房地产市场与国民收入的巨大落差。

3.技术领域

随着市场的发展，深圳的住宅设计本身也在经历不断的变化，以适应日益增长及细分的市场需求。同时深圳的住宅设计也是国内城市中最早面对全球化冲击的，香港、欧美及海归建筑师的进入，带来了多元化的理念。鉴于国情的不同，所有外来的文化与理念最终融合成本土设计的一部分，成为前卫理念与市场功能紧密结合的深圳设计特色，并在此基础上出现了源于深圳的设计理念、符号与技术的设计要素，现已经在全国随处可见：

建筑专业：如高层住宅中的凸窗空调组合设计

结构专业：薄壁异形柱体系

水电专业：空调冷凝水暗埋集中排放，住宅智能化系统及综合布线等

三、深圳住宅设计的发展阶段与特色

深圳住宅设计发展历程大概可以分成以下几个阶段：

福利住宅阶段(1999年以前)：主要在特区内发展。以组团设计为主，如莲花村、梅林一村等。

组团商业住宅(1995年~1999年)：侨汇房及景田城市花园。

郊区化运动(1999年~2006年)：深圳万科四季花城、万科城、万科东海岸、中海怡翠等。

社区高端化的趋势(2007年~2008年)：特区用地的匮乏，出现了一批高端物业，如星河丹堤、曦城、观澜湖高尔夫、东部华侨城别墅区等，其对于私人物业品质化提高

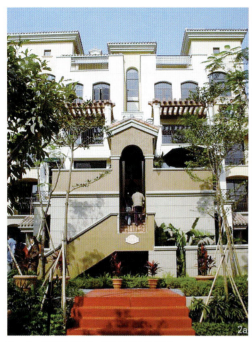

2a～2c.深圳万科城，郊区社区的代表

3.深圳星河丹堤，突出自然与生态主题

方面成为全国的风向标。

走出深圳（2005年至今）：以万科四季花城在上海、成都、武汉、广州等相继推出系列产品作为分水岭，深圳的住宅设计随着深圳地产走向全国。深圳建筑师也跳出了深圳范围，开始面向珠三角，乃至全国的一二线城市居住市场，在推介深圳理念的同时也在不断融合当地的文化及特色。

四、深圳住宅设计创新性的总结

住宅设计本身涉及面较广，其创新性难以一概而论。笔者根据自己多年从业及教学科研经验，结合工作室案例，尝试从以下几方面进行总结阐述：

1. 规划理念的创新——主题社区与居住模式

深圳市是最早关注居住规划理念与居住模式的城市。通过营造个性鲜明的社区主题，来表达居住文化与精神，并以此开拓了市场。

（1）城市主题

主要是边缘社区（fringe community），早期出现了体现城市人文精神的万科四季花城系列，后期的万科城系列可以看作此类郊区小镇的升级版。

背景：我国居住社区的分类一直沿用居住区——居住小区——居住组团这种分级体系，新的居住社区开发往往以这种概念为前提。但事实上城市住宅一直存在着另一种更具城市形态的居住形式——街区型社区。其形态既以欧洲的城市空间形态为借鉴，又与中国传统的里坊制相类似。街区型社区由城市街道、城市街区等基本构架单元组成，比起一般居住社区，更强调具有城市味的序列公共空间体系及商业公建系统。对于缺少城市人气及配套治安的边缘社区而言，街区型社区应是一种值得探讨的居住模式。

其构成要素有主体商业街、钟楼、广场序列空间、街区住宅与组团庭院、线型分布的公共配套设施、二元化的物业管理模式。这成为后来全国盛行的设计手法（图1~2）。

（2）自然与生态主题

此类项目多为高尚住区，其分布在有独特自然景观资源的地段上。深圳是自然资源相对比较丰富的城市，有山有水有海岸线，近年涌现了一些极具自然特色的项目，如星河丹堤（山湖景）、十七英里（海景）、兰溪谷（山景）等皆属于此类项目。与以往的自然生态设计主题有所不同的是，这些项目在突出原有生态特色的基础上，充分挖掘了生态资源的市场价值，提升了人工部分的品质，其部分设计手法对内地高端住区的设计起到了示范作用（图3）。

2. 住区交通模式的演变

深圳作为全国人口密度最高的城市，高层住宅在城市最先普及，同时私家车的比例也在全国位居前列，这使得深圳住区规划最先面临交通问题，设计界关于人、车关系的思考较早借鉴了国外相关的住区交通理论，并结合本地市场，形成了较为完整的设计体系与思想。具体可以分为以下几个阶段：

（1）人车混行

早期中国传统福利社区的交通组织形式，发展初期的深圳与全国同步，尚未出现私家车的压力。如深圳的莲花村社区系列，益田村等均采用人车混行的规划。

（2）人车完全分离

随着私家车的兴起，深圳开始借鉴香港高密度社区交通模式，采用人车立体分流的交通模式，造价相对较高。不同的是香港将步行系统置于二层，与城市步行系统相连，而深圳则是采用地下车库，车库屋顶为中央花园，车库出入花园的步行出入口则成为景观视觉的一个焦点，代表作品为香蜜湖东海岸。以后的组团式高层社区均采用了此种模式，如振业翠海花园、百仕达红树西岸、万科金色家园、万科金域蓝湾等。此种模式如今已经随着高层住宅在全国的日趋普及而影响广泛。

（3）人车相对分离（平面分离）

刻意追求人车完全分流，难免带来矫枉过正的弊病。具体表现在：多层停车库无车停，地下停车位销售未尽人意，室内停车位建设成本分摊给住户提高了住宅售价，业主喜欢沿路停车等。因此随着边缘社区的兴起，借鉴北美郊区超级街区（super block）理念的人车平面相对分离的交通组织系统率先在深圳万科四季花城的道路系统中得到成功运用。

人车水平分离具体而言在于从总平面入手，采用周边车行环路+尽端支路的车行体系，与贯穿社区东西的公共步行序列空间系统相结合，使得车行与人行在同一个水平层面进行分离，从而达到人车基本分流的目的。而尽端车行路及沿路停车位与通向邻里庭院的步行尽端路，于街区邻里的步行入口附近相融合，也体现了人车亲和、车为人存的城市人文思想。设计中通过组织交通手段来增加单行路，从而有效地缩小了路幅的宽度，降低车速，同时宜人尺度的路幅使人联想起居住小城亲切的街道（图4）。

此种交通模式造价成本较低，适合城市新区或边缘社区，因而在内地得到青睐。如：深圳四季花城、武汉四季花城、合肥金色池塘。

（4）人车共存

在以下两类社区，车行又被提升到一个很重要的位置：

开放型小镇主题社区，主动引入车行系统，提升社区活力，激活社区商业。在社区环路系统中，设置了林荫大道路段（boulevard）、景观

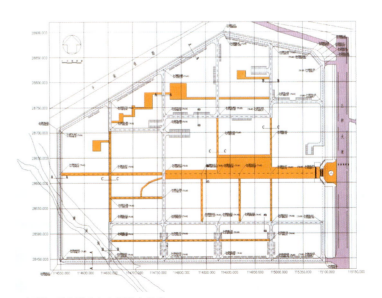

4. 深圳四季花城人车水平分离示意

停车带等。停车到户，提升停车市场附加值，如：深圳华侨城、深圳万科城。

另一类为高端社区，多为别墅社区，私家车配置比例较高，故注重车行景观，而人行系统则居于次要位置。

3. 复合型居住业态与市场衔接的综合运用

将容积率、建筑密度与地价、住宅单价相结合，综合考虑。

低层高密：引入西方社区中物业私有观念，同时结合中国人口较多、用地较少的特点，采用低层高密，退台见天，宅间绿地私家花园化等手法，产品类型：退台洋房；

高层低密：采用高层围合组团，降低建筑密度，创造大尺度园景空间，提升住区环境品质；

高低复合：采用高层占天、低层占地的土地利用特点，组合在一起，通过增加低层住宅产品(如Townhouse等)，既可以提升社区的品牌档次，同时也为高层提供无遮挡景观，如深圳星河丹堤(图5)。

4. 从理论到市场——住宅户型设计理念的变迁

户型设计是住宅设计中的重要部分，国内相关机构亦做过不少深入的研究，深圳的住宅户型设计主要特点在于其将空间、功能同市场紧密结合，从而产生出富有生命力的创新户型。

笔者尝试将其分为以下几个阶段：

(1) 早期户型设计阶段

早先深圳户型设计具有香港户型紧凑集约的特点，同时又融合了广东地区希望阔厅方室的豪气风范，形成了性价比较高的特点；

(2) 成熟户型阶段

鉴于城市家庭的核心化，同时结合中国家庭多来往以及电视文化等特点，将各个空间的尺度作了梳理。总体而言，明厨明厕，南北通风，宽厅、大主卧、大主卫，同时将其他卧室作了分级处理，适当紧凑。公共卫生间也适当缩小，并根据家具、洁具、厨具设备等作了定量的尺寸分配。在此基础上，根据户型面积的不同，适当增加了功能用房或空间，如步入式衣帽间、储藏间、壁橱等，户型日趋成熟。这种理念也逐步为内地所接受，成为区别于西方国家集合住宅户型、独具中国特色的较为成熟的户型设计。

(3) 主题理念户型阶段

随着市场竞争的日益激烈，户型设计除了保持较好的性价比之外，开始侧重于居家主题的追求，出现了较为丰富的主题户型产品，如低层住宅中的退台洋房、合院住宅及叠院住宅等，高层住宅如空中合院、空中Townhouse、底层Townhouse、错层复式等。这些主题户型使得中国的住宅空间设计日益复杂、丰富，颇具中国传统空间设计中的小中见大、曲径通幽等精髓。

5. 深圳住宅立面设计的发展趋势

深圳住宅风格的演变可大致分成三个阶段：

(1) 成本节约阶段

早期国内尚在福利住房阶段的住宅，建筑立面成为可有可无的部分，主要从节省成本角度出发，强调协调统一，大都粗糙、笨拙，也无风格而言，但有时却不失之朴实。

(2) 词汇堆砌阶段

随着20世纪90年代商品房的出现，人们开始重视立面，喜欢新颖变化的立面，也喜欢舶来品。因此出现了大量的符号堆砌、象征主义的建筑风格，"欧陆风"应该就是这一时期出现的。将西方古典符号简单拼凑，成为那个时代的主旋律。现在深圳很多建筑，尤其是珠三角地区的很多居住建筑都留有此阶段的痕迹。

(3) 风格化阶段(语言纯化阶段)

随着建筑市场的开放，海外与海归建筑师的进入，以及信息流通的加快，人们开始追求原汁原味的建筑风格。西方古典风格开始地域细化，深圳多采用地中海南欧明快温情的建筑格调，甚至在社区命名上寻找西方的古朴小镇，如华侨城的纯水岸采用了法国南部小镇波托菲诺的情调与命名，深圳万科城则借用了南加州建筑风格，而曦城使人联想起地中海希腊民居风情。

同时也涌现出大量更为简约的现代建筑风格，打破了原有"欧陆风"的格局，在色彩配比上从原有的白色为主变为深灰与白强烈对比，形成了类似澳洲滨海特色+东南亚热带风情的现代主义风格，如红

5a、5b. 深圳星河丹堤社区中心
5c. 深圳星河丹堤Townhouse 组团
5d. 深圳星河丹堤高层组团

6a、6b.深圳星河丹堤住宅立面局部
6c.合肥金色池塘会所立面局部
6d.广州万科城立面局部

树西岸、星河丹堤等项目。

这些纯化的建筑风格虽然有些有移植的痕迹，但普遍具有较高的建筑素养，对市场审美培养具有引导意义，并由此影响了内地市场的立面风格，尤其是对中西南部地区（图6）。

五、其对全国住宅设计乃至市场开发的影响

深圳住宅的发展经历了从早期的福利住房到如今的商业化运作，其间积累了很多成熟的经验，尤其是将设计理念与市场需求相结合方面，对内地住宅市场的发展起到了示范与借鉴作用，同时也有教训值得总结。

1.郊区化运动与圈地造城

以万科四季花城产品系列为代表，先后有多个大型社区系列品牌在内地城市拓展，触发了城市郊迁的产生，城市布局也因此发生了深刻的变化，从以前的同心圆结构向星状组团结构发展，从而为住区提供了崭新的发展空间，住区设计也更具多元化的特色。尤其是新城市主义的理念在住区设计中的广泛运用，使得住区的公共空间与城市互动，并成为城市肌理的一部分。早先深圳特区内的部分片区本身就是以开发商为主导来建设管理的，如华侨城、蛇口招商局工业区、南油片区等，均是开放的大型城市社区；后来的万科四季花城、万科城均是主动运用新城市主义理论的成功案例。

但其也带来了一些问题，开发商由此开始了城市边缘的圈地运动，大型社区也产生了切割城市的问题，城市道路密度下降，交通压力上升。这也给规划界带来反思。

2.人居理念：以人为本的精神

深圳的住宅设计以市场为导向，突出居住中人的文化与理念，从而突破了一些传统与教条。如传统的南北向被朝向景观并重的理念所取代，从而改变了过去单一的行列式布局，形成了围合式、自由式等多元化布局形式；另外小区的园林景观也由过去的小区配套上升为主题景观设计，与整个小区风格紧密衔接，极大地改善了住区的环境品质；此外住区中的公建设施也上升到社区主题的层次，以在市场上提高竞争性，如体育社区、教育社区、艺术社区等；另外还出现了突出环保节能理念的绿色社区等，这些都对内地的住宅设计产生了积极的影响。

3.居住中的文化精神

难能可贵的是在市场化的环境下，深圳的住区设计中依然可以看到一些弘扬民族文化的作品，如万科第五园、万科土楼公社、万科棠樾等，虽然星星之火，但也触发了国人对传统与现代的思考与理解。其不同于以往对于中国古典建筑语言的复制，而是通过现代的技术材料，对传统的精神进行思考，最后承载到当代的生活中，从而更具生命力。

4.政策——市场营销——设计附加值三位一体

深圳的住宅设计在政府规范与市场之间不断寻找契合点，以实现所谓的设计附加值。其中很多设计手法已经在全国广泛运用，如地下室空间的竖向利用，光院的引入，两层通高的空中花园、地面花园、露台花园、屋顶花园的再利用等，是当今市场与政府博弈的衍生品，成为中国住宅设计的一大特色。从某种程度上，所谓的增值空间进一步提高了土地的开发利用强度。

六、结语

深圳的住宅设计是伴随着深圳住宅市场的发展一路走来的，因此来源于市场的创新是它的突出特色，同时又极具专业精神，精品意识与规范操作是设计得以充分体现的保证。这些都对全国的住宅设计起到了积极的借鉴及示范作用，但过度的市场化意识也在某些方面起到了负面的作用，如公共意识、民生意识等被一定程度的削弱。相信经过反思，深圳的住宅设计会在原有的基础上向新的层次迈进，如绿色社区、老人社区、城市更新等已经成为未来住宅设计的研究方向，期待深圳的住宅设计会在此方面走出特色之路。

作者单位：深圳大学建筑与城市规划学院

需求与消费变化的中国住房市场
Demand and Consumption Changes of China's Housing Market

陈一峰 *Chen Yifeng*

中国住房市场的出现是在1990年，自国务院颁布了《中华人民共和国城镇土地使用权出让和转让暂行条件》的55号令之后，开始有了开发商及土地和住房的交易市场。20年来，中国的GDP从300美元飙升到2008年的3000美元以上。伴随着国家有关政策的不断出台，人均可支配收入大幅增长，住宅的需求与消费出现了巨大变化，同时住区规划设计也取得了长足发展。回顾这飞速发展的20年，沿着市场变化的轨迹，探寻未来的发展方向，可以看到我们的社会经济文化发展到了一个转折点，而住房发展也面临着巨大的转折与飞跃。

一、我国近20年住房市场发展阶段划分

在20年的发展中，我国的住房市场大致经历了以下的几个阶段：

1.起步阶段：
1988~1993年房地产开始兴起的初期阶段。第一波的开发浪潮在以广东、海南为代表的沿海城市兴起，当时的开发特色是少量的为海外客户服务的高级公寓，以及大量的商住房和为炒卖地皮而做的规划设计。由于其并不是针对普通消费者的，因而没有发展的根基，很快就形成了泡沫并伴随大量的烂尾房，随即陷入了长达5、6年的衰退。这一阶段并没有诞生成熟的开发商和高水准的项目，也没有培育出真正的消费市场，但是却让许多开发者和设计师试水房地产业，为其后来的迅猛发展积累了一定的经验。

2.兴旺阶段：
1998年中国人民银行出台的《个人住房贷款管理办法》，2000年初的中国福利分房制度的终止和各个城市允许公房上市的举措，极大地促进了房地产市场的发展。富裕人群、工薪阶层都涌向住房市场，开发和设计直接面对消费者，政策的利好促使大批公司投入房地产领域淘金，消费者的不成熟和开发设计者的鱼龙混杂，注定了这一时期开发品质的参差不齐。既出现了广州星河湾那样的高质量楼盘，也出现了一线城市大量不愁卖的粗制滥造的楼盘。而各种类型的住房产品从低密度的Townhouse、叠拼、花园洋房，到高层的平层、错层、跃层、空中花园均已试验完毕，品种齐全。

3.迅猛发展阶段：
以2003年春季的非典低潮作为一个小的转折，中国的住房市场开始了量价齐飞的迅猛发展。人均收入的提高促使住房需求压抑了很久的人们涌入楼市，开发量和房价均翻倍增长，这期间中国的住宅建设量是发达国家的十几倍，因此出现设计观念和建筑环境品质都领先于世界的楼盘也不足为奇。然而过快的发展也暴露了住宅建设中对社会环境、生态、细部、部品研发的欠缺，向来重外不重内的民族习性表露无疑，金玉其外败絮其中的楼盘比比皆是。开发商和消费者在这一时期都经历了磨练与成长。而今年的危机恰恰又是一个转折点，紧接着将会向更高层次的住房开发设计转化。

二、消费人员的需求与变化

近10年伴随着国家政策的变化，在住房产业的各个发展阶段中，我们也看到了消费人群的演化。首先，住房市场的最初建立是为富裕人群提供了可供消费的住宅产品；然后，贷款买房政策的出台造就了大量的投资及炒房客，福利分房的取消催生了大批工薪阶层的需求，而公房上市和二手房市场的成熟则产生了大批要改善居住条件的二次置业者。可以说我们的开发设计直接面对着这样四种人：追求奢华生活的富裕阶层、精明老练的投资客、普通的青年工薪购房者及改善居住条件的中产阶层。而这四种人在这些年的成长与消费变化也左右了住房市场产品的开发与设计的变化。

首先，**富裕阶层**虽然是社会的少数，但是在当今中国这个贫富差距几乎成为世界之最的国度里，先富裕起来的阶层始终是购房的主力军，一人几套房的购房消费成为这个阶层的普通现象。随着贫富差距的加大，财富日益集中，我们也可以看到豪宅的规模和售价都在不断攀升，从十年前一线城市黄金地段的万元一平米到如今的动辄五万以上甚至更高，别墅的价格也从三、四百万飙升到几千万一

套。而许多购房者出手像买菜一样的豪爽与随意，虽然人数不多但购买力强大，其价值取向对整个住宅产业的开发设计有着举足轻重的影响。媒体和广告都在刻意渲染这些所谓精英阶层的"圈子"。一些在世界上任何成熟社会都会被唾弃的炫富和鼓吹阶级分化的口号都堂而皇之地出现在房地产广告中。

虚荣、露富、媚外是房地产商打造这类产品的主要卖点，也反映了我国在这个发展阶段的文化心理及经济状况。多数的豪宅追求豪华气派、异国风情，精致而没有品质、奢华而没有品位。正像LV经销商在法国电视节目里对在巴黎冒着寒风在专卖店前排着长队的来自中国的消费者的评论"他们都是一夜暴富，没有品位、文化，我们可以卖给他们商品，但不会请他们到家里做客"。话虽刺耳，但一语道破了富裕阶层的消费心理。户型设计上，也是不断地变化，比如在别墅设计中一度出现的大量以厨房为中心的美式家庭生活模式，经销售的灌输和引导更易打动媚外心态比较严重的富裕阶层，难道他们的家庭生活饮食都美国化了吗？答案显然是否定的。

在全国各地许多所谓的豪宅中，样板间的贴金贴银，难掩建筑品质的低下，开发商做足了表面文章，而真正在细节上的把握以及从施工材料到部品的质量难达国际一流水平。也许这是避免不了的阶段，但应该说这个阶段面向富裕阶层的住房商品，对整个房地产业的健康发展，甚至对整个社会文化的健康发展都是害大于利的。

随着富裕阶层心智的成熟、品位的提高，在一些豪宅别墅的打造上，开发商开始注意品质技术含量和质量，符合地域特征和民族性的住宅风格开始出现。当人们远离刚富裕起来的浮躁并沉淀下来，开始思考我是谁、什么是我身份的象征，那种血液里流淌的文化基因，就会对属于民族文化的空间和风格产生共鸣，这种具有民族文化内涵的能让人们获得内心宁静和惬意的住宅产品才能说是高品质的。

适合普通工薪阶层的产品研发显然不够。

自有房地产市场以来开发商都是瞄准了能攫取更多利润的豪华及舒适型住宅，适合普通工薪阶层的产品研发显然不够。经济适用房、双限房以及廉租房的存在都不能改变开发商对工薪阶层的忽略。原因是在房价奇高的状况下，任何上述项目无论品质如何，一经推出都会被市场一抢而空。因此开发商都是以最少的设计费、最廉价的材料去经营此类项目。而在普通商品房的开发中有少量以小户型为主要特点的项目，也曾引起过一时的轰动，但多是个别现象，毕竟过于单一的社区会造成很多社会问题，因此才有了近年来混合社区的提倡。另一个现象是，普通住宅的开发中，小户型多是被安排在边角位置，已被彻底边缘化，可以说对金字塔底层最大量的购买人群，市场始终是不屑一顾的。而社会住宅与低收入住宅在国际上恰恰是建筑界最热门的研究方向之一。许多大师、著名事务所涉入这一领域，许多专著论文也探讨这一领域，但在我国的房地产市场却被彻底冷落，这与这一时期的政府导向和社会的急功近利不无关系。

伴随着社会经济的发展，中产阶级的队伍不断壮大，改善型居住的需求在这些年的发展最快、变化最大，是住房市场最庞大的主体。追求舒适高品质生活的同时讲求经济实惠，是购房者的普遍向往。在这部分需求中，一类人试图靠近豪宅的标准，从最初的在高层建筑里变幻出错层跃层等类别墅空间的花样，到后来叠拼花园洋房等低层高密度的项目的普及，都是为这群想圆别墅之梦而购买力有限的人群打造的。而最大量的普通平层楼房则在开间进深的尺度、通风采光及公共空间上越做越精细，例如万科甚至在内部出台了一个对户型的评判标准，以各项指标的加权来判定住宅的性能，从而排除市场的偏离及人为因素来误导户型的设计。另一方面"偷面积"、"送面积"等钻各种政策法规的空子的手法已在户型设计中趋于常态。从最初的高层高挑空设计的楼中楼，到送落地飘窗、入户花园、空中花园、双层阳台的手法，都是满足消费者占便宜求实惠的心理，且往往随法规的改变而改变。设计师花费大量精力在这种非建筑本质的工作中，这种趋势对住宅本身的进步没有益处。

至于建筑的风格，我们可以看到除少量定位偏向豪宅的楼盘采用新古典和古典风格以外，绝大多数是现代简约风格，体现了改善型居住消费者的普遍价值取向。总体上中国居住区景观的打造在世界范围内也算顶级，虽然风格普遍较甜腻，但用心程度绝对登峰造极。这也反映了随着环境日益恶化，人们普遍向往躲在一个世外桃源中的心态。

在这类追求舒适的小康型住宅的建设中，同样也存在着对建筑品质的忽视，堂皇的外表难遮施工的粗糙和设备材料的简陋。因此就有了一些概念的炒作，诸如恒温恒湿、工厂化建设，以及最近一些开发项目将世界上最精细化的日本住宅技术的引入等等。尽管这些往往与中国的国情水土不服，但确实反映了消费市场对建筑品质的追求和住宅精细化的发展方向。

最后要提到的是，投资客和炒房者的存在对我们住宅产品的整体提升功不可没，他们比富裕阶层粗放的购买行为要精明得多，比普通的工薪阶层和中产阶层更有经验。他们奔走于各个楼盘，认真考察建筑的地段、性能、品质、性价比、升值潜力，他们的存在使开发商的开发设计不敢懈怠，促进其在户型产品上下更大功夫。

三、结语

纵观20年的转迹与发展，中国住宅产业的发展成就巨大，在某些方面已经做到世界的顶尖水平，有些则落差巨大，这也是与中国目前消费者的参差与不成熟相符的。相信在未来的一段时间，我国住房市场的成就会是惊人的，因为10年前我们做梦也想不到今天的住宅产业会是这样，国家在飞跃、市场在发展、人的需求也在迅速变化，而住房产业也将面临更大的跨越。

作者单位：中国建筑设计研究院

深深扎根热土，不为南橘北枳
——从柏涛墨尔本设计看中国住区十年发展路
To Be Local
Peddle Thorp Consultants on the ten years of Chinese housing

赵晓东 *Zhao Xiaodong*

1. 万科白马花园
2. 水木澜山
3. 深圳圣莫里斯
4. 森林湖

1997年全球金融危机过后，中国的很多投资项目开始复苏，特别是进入2000年以后，随着大量开发项目的出现，建筑设计市场国营、民营、外资设计公司在竞争中三分天下的局面也日益明显。外资设计公司凭借雄厚的技术实力，在高端公建设计市场占据了极大的份额。但在市场同样巨大的住宅设计市场却是另外一种景象。因为住宅设计具有与地域文化和生活习俗密切相关的因素，境外建筑师一时难以吃透；而且相对公共建筑，住宅设计费较低，境外公司很难平衡成本；另外住宅设计受市场及国家政策的影响较大，需要贴近客户的本土设计单位协作和服务。这使得境外设计公司仅靠"空降"或"飞行"服务，很难在中国的住宅设计市场有太大作为，大多介入到规划层面后便由国内设计机构接手。从境外设计师的角度，中国迅速发展带来的不同地区和阶层生活水平的差异，也使了解中国社会不深的境外建筑师，对高品质住宅在中国潜在的巨大需求认识模糊不清，把住宅设计视为无创造、低品质的设计；有些境外公司曾羞于提及在中国参与住宅设计，或曾明禁中国业务人员不得参与住宅设计，即使在中国设立了设计机构，也认为做住宅设计只是为了生存不得已而为之。

在我国，计划经济年代自不必说，即使改革开放后进入市场经济以来，以举国之力建造大型高标准公共建筑在各地也屡见不鲜，当然这对改变中国城市整体面貌起到了立竿见影的效果；另外一面，普通人徘徊在豪华酒店门前向里窥望，进入高级场所无所适从的现象也时有发生，这说明与这些具有世界水平的"高档"空间相比，普通人朝夕相处的个人生活空间在建筑水准上相去太远，这不仅反映在空间的量和质上，在居住空间的精神层面上也出现了与生活方式变革同步的强烈追求。

在一些境外设计公司不屑在中国做住宅设计的同时，有些境外设计公司充分分析了中国市场，敏锐地洞察到住区设计业务发展的巨大空间，澳大利亚柏涛墨尔本建筑设计有限公司即是其中之一。回顾境外设计公司投身中国住区设计近10年之路，或可为总结中国数十年住区设计和开发的恢宏历程做一个小小的注解。

柏涛墨尔本设计公司在中国的住宅设计，始于中国最年轻、最具活力的"窗口"城市——深圳。

深圳的住区建设一直是全国地产开发的追随样板，在政策、开发、营销和规划设计诸多方面，都曾开全国之先河。在深圳如火如荼的发展中，孕育了中国最具影响力和创新精神的房地产公司——万科、华侨城、中海、卓越、金地等。而与这些开发企业相联系的住区——万科城市花

5. 黄山黎阳老街
6. 深圳香蜜湖一号

7. 深圳中信红树湾

园、万科第五园、纯水岸、香蜜湖1号、蔚蓝海岸等,则各有各精彩,在其纷纷成为深圳房地产开发及城市名片的同时,也铸就了"柏涛墨尔本建筑设计"在住区设计领域中的"品牌"。

如果把中国地产巨头万科的开山作品之一"深圳万科城市花园"与设计者柏涛墨尔本公司联系起来,就不能不再次为这一最初影响境外设计公司发展方向的历史机缘而感叹。

澳大利亚建筑设计界具有同欧美发达国家同业相当的设计水准,但地处亚太地区,更具有地缘优势。尤其自由纯朴的民风,使其建筑除遵循西方建筑传统与现代的体系之外,更加注重与自然的融合和人本的需求。年轻的国家、近现代的发展,使其本土的住宅建筑呈现出一种自然清新、朝气蓬勃的生活气息。

这一切都与中国最年轻、最具活力的城市深圳极为"投缘"。相似的地理气候条件、相对年轻的人口构成、快速发展的市场需求,使柏涛墨尔本建筑设计公司早年在深圳带有清新海洋气息、色彩亮丽的几个住区设计作品一举取得了成功。

在国内众多优秀的设计机构中,开发商寻求与境外公司合作,基本是基于两个方面的考虑:一是其先进的设计理念和国际化的专业视野;二是不断创新的高质量设计作

9.溪湖

品。当然著名国际设计品牌在营销中的助推作用也是不可忽视的附加值,然而这一效应随着中国设计市场的日益开放和合作的多元化而逐渐淡化。另外,其对建筑师的期望有时呈现相互矛盾的两个层面,在城市和住宅等外部居住空间层面,充满了对西方发达国家现代生活图景的向往;但在具体的与日常起居相关的空间要求上,则希望体现中国人传统的物业观念。在这点上反倒成了"西学为体,中学为用"。

某种意义上讲,中国的**开发商**是世界上同行中最有特点的一群。生活质量迅速提高的中国人,对自己期望的住区有着既具体又渺茫的想象。有时除市场和技术因素之外,开发商难以用语言表达的期望和要求,往往含有很多实现其自身梦想的成分。中国的开发商,或许是世界上最进取的开发商。特别是有些民营企业家,项目是他生活的一切,往往希望建筑师不仅在工作时间,甚至节假日都和他"泡"在一起才心安。有些开发商运筹帷幄的同时,也具有极强的设计冲动,对形式、风格或色彩具有异常坚定的好恶。因此,与地产客户的交流,除做好一名建筑师外,还要成为一个善解人意的"读心者"。

对于在中国做住区设计的境外公司,除了关注世界经济的变化,更要对国内**房地产业政策**下功夫深入解读。国家房地产政策的多变性、房地产市场的敏感性,以及其对设计行业的直接相关性,是境外设计机构在国外从未面对过的课题。

柏涛墨尔本建筑设计公司进入中国的10年,也正是中国住宅建设真正进入商业化开发并飞速发展的10年,比照西方发达国家用几十年走过的道路,除建设总量远远被超越之外,从规划设计理论到工程建设实践,都还是有相应的轨迹可循的。特别是2008年的全球金融危机,再次印证了中国房地产业与世界经济同冷暖的关系。

用"急迫"一词来概括政策变化对设计任务的影响未必全面,但却是笔者切身的感受。宽松的政策下,大量的项目涌现,面对火热的市场,开发企业自是争先恐后;紧缩的政策下,则是慌不择路。其中令国人印象深刻的包括别墅用地的收紧和90/70%实施等重大的政策调整。特别是90/70%政策,除造成了极大的市场波动外,也在住区设计领域留下了影响深远的一笔。一时间围绕着如何化解这一政策的设计要求和解决方案成了建筑师与开发商交流的第一话题。坊间也不断涌现出设计拼合户型的"高手",当然更普遍的结果就是大量的"政策图纸"出现。

除国家统一的政策之外,各种地方法规的差异也较大,甚至不够严谨。例如相似地理位置的地区,日照计算、消防法规、建筑规范、规划原则均有不同,自然形成了设计市场的区域壁垒,对于境外设计公司,解读则更加困难。

另外,**规划部门**对设计的**控制力**也有极大的不同。在柏涛墨尔本建筑设计接洽的业务中,像深圳在重点区域出具法定图则作为设计指引的城市还不多,那些先做几轮设计再给指引,随后确定容积率等重大指标的城市也并不少见。有些粗放的规划指引,对合乎逻辑的调整提案丝毫没有讨论的余地;而有些合理的规划指引,却在开发商局部利益的要求下无原则地让步。

柏涛墨尔本公司在中国过往的10年中，既是走在住区设计行业前列的实践者，也是这一行业及相关产业发展的观察者。有些中国住区设计的特色非常耐人寻味。或许是南方的一些城市最先把为补偿开发商向社会提供公共绿地空间后容积率损失的政策，移植到住宅下面的架空层的，随后这一政策又扩大到楼层中满足同样净空的公共空中花园，并且几经演变最终进到了户内和阳台。一时间交错的双层高阳台和挑高4m以上的大厅成了开发商促销的法宝，被业界俗称为"偷"面积的手法几经演绎花样百出，各色住宅自是无"偷"无欢。

事实上，这一过于"巧妙"地运用政策空间的做法，使城市整体容积率失控。建筑师被迫把大量的精力用于这些政策空间的挖掘。住宅内部使用空间的不确定性，使开发者和设计者忽视了对内部空间的严密设计推敲，令有志于真正研究居住空间的设计者在实践中倍感困扰。

把住宅的"户型"，当成一个相对独立的学问来研究，恐怕中国是走在世界前列了。若时过境迁，这些年来带有政策印记的中国住宅设计也将是世界住宅谱系树上奇异的一枝。

面对这些政策和市场因素，柏涛墨尔本设计除充分尊重、悉心解读之外，更主动与开发商和营销顾问就产品策略进行深入的研究和挖掘，从**居住者需求**出发，创造优异的整体居住环境，诠释健康向上的生活理念；注重城市、住区和住宅之间的共生关系，以良好的宜居性，使住区具有可持续良好运行的活力。近年来柏涛墨尔本建筑设计在市场和业界均获肯定的作品，往往不是那些一味掘尽政策空间的项目。这从一个侧面说明了建筑师在市场环境下，创造性的能动发挥，具有不可或缺的积极作用。

住区设计高度的**本土化**特征和对设计服务贴近市场、贴近客户的需求，是境外设计机构仅靠飞行式服务无法完成的。柏涛墨尔本总公司清楚地认识到这一特点，在尽可能地提供人员和技术支持的同时，逐渐把更多设计和经营的决策权交由在中国的机构。

住区的规划和设计是目前市场化最彻底的一类设计项目，成功与否具有较为客观的市场标准，也无形中减少了境外设计机构在"中国式"公共关系上的无谓投入。虽然建筑设计市场潮起潮落，但居住建筑设计业务营业额多年超过其他类型建筑，独占鳌头。

外资设计公司在中国本土化的同时，也一直努力向多区域多类型的多元化方向发展。不但力求通过自己的作品，将世界上先进的住区设计理念和手法，带到国内的开发建设中来，而且也尝试用现代设计的理念和手法，对中国传统居住建筑空间进行诠释和重塑。诸如柏涛墨尔本建筑设计公司参与设计的"万科第五园"、"黄山黎阳老街"等"现代中式"作品也受到业界的极大关注。近年来，境外设计公司以中国为基地，开始将住区设计业务推向东南亚及中东市场，中国特色的住区设计对周边国家住宅开发的影响从中初见端倪。

当然，当前境外设计机构普遍遇到的问题是关于本地化设计团队的建立，相对国内同行要迈过更多的门槛。在国内运营的境外公司和设计作品，还没有资格直接参加政府部门组织的评优；即使作品由合作方申报获奖，真正的主创者却转变为幕后的合作方；更还有并不鲜见的竞标规程及合同履行不规范等现象。

然而我们相信，这些方面都将随着中国开放的深入和设计市场的成熟而日趋完善和规范，只要中国不停止稳步发展的步伐，外资设计公司在中国，就可以避免南橘北枳的窘境，深深地扎根在这片热土。

作者单位：澳大利亚柏涛墨尔本建筑设计有限公司

《住区》杂志"中国住宅60年"问卷调查
Questionnaire on "60 Years of Chinese Housing" by Community Design

开彦 Kai Yan

2009年是新中国建国60周年。从住宅的角度看,这短短60年里从居住模式、住宅的建造方式、供应模式、分配模式,乃至人们精神层面对于居住问题的观念和理解都发生了巨大的变化,这个变化不是一蹴而就进入一个新的居住模式,而是一个变动不居、不断摸索寻找符合时代精神和内容的住宅的过程。在这个过程中,特定的住宅与特定时代相关联、与一代人的成长经历相关联、与每个人的人生中某一个具体的阶段相关联。如果说人塑造了住宅,住宅也塑造了人,那么这60年里,中国人居住的住宅经历了什么样的变化?各个历史阶段典型住宅的故事串联起来所塑造出的新中国的历史该是什么样呢?

《住区》杂志希望通过6个10年的6种典型住宅来讲述新中国的住宅60年,希望您能帮助我们回答以下问题来寻找能够象征新中国各个历史阶段的典型中国住宅。

1.如果以1949年~1959年为一个阶段,请选择典型住宅代表该10年的中国住宅发展。

1949年~1959年代表性住宅:北京百万庄小区(苏联援助)、上海曹杨新村、北京三里屯幸福村

解放初期,百废待兴。中央政府提出"先生产,后生活"发展策略,在住宅规划设计、住宅技术上受苏联的影响很大。比如:20世纪50年代中期采用居住区——街坊的规划模式,每个街坊面积一般为5~6hm²,街坊内以住宅为主,采用封闭的周边式院落布置,配置少量公共建筑,儿童上学和居民购物一般需穿越街坊道路。这种院落组合形式能为居民提供一个安静的居住环境,但由于过份强调对称,或"周边式"布局造成许多死角,不利通风和日照,居住条件较恶劣。北京的百万庄小区是当时苏联援建的,充分表现了这些特点。但是,由于当时受政府居住面积标准的限制,在诺大的套型里采用多户合住的形式,卫生间和厨房的合用为邻里制造了很多矛盾,被美其名曰:"合理设计不合理使用"。

建国初期,为提高工人阶级的地位,建造了一批工人住宅区,如上海曹杨新村、北京幸福村,住户采用了集合居住的模式,与此同时发展了20世纪50年代后期居住小区规划理论。小区的规模比街坊大,用地一般约为10hm²,以小学生不穿越城市道路、小区内有配套的日常生活服务设施为基本原则。

2.如果以1960年~1969年为一个阶段,请选择典型住宅代表该10年的中国住宅发展。

1960年~1969年代表性住宅:大庆的干打垒、北京百万庄简易楼(夕阳红)、筒子楼住宅、上海闵行一条街

因1958年的大跃进,国民经济严重下滑,城市居民的住房问题受到很大的影响,住房困难成为突出问题。在"全民自力更生"、"奋发图强"、"艰苦奋斗"等口号推动下,群众想出了种种办法,降低造价,减少钢材水泥的用量,形成了一批简易楼、竹筋楼、筒子楼等具有时代特征的住宅类型,出现了两把锁住宅、合用厨房、公共厕所等的住宅形式,居民的居住质量降低到了极限。

在规划方面,20世纪60年代初,运用"先成街,后成坊"的原则,新村中心采用一条街的形式,沿街两旁设置各种商店、餐馆、旅馆、剧场等商业文化设施,用以体现"社会主义好"的城市风貌。由于"先成街"的片面性,有的城市小区只成了街,而未成坊,形成了"一张皮"局面。著名的有上海的闵行一条街、天山一条街。

3.如果以1970年~1979年为一个阶段,请选择典型住宅代表该10年的中国住宅发展。

1970年~1979年代表性住宅:北京前三门大街住宅

经过了文化大革命,全国经历十年桎浩的住宅建设几乎处于停滞状态。其后,北京发动了"前三门大街"住宅复兴工程,工人设计队伍开进工地主宰了工程建设。第一次尝试了用高层住宅技术的大批量建造生产方式。26栋高层住宅,采用大模板现浇、大板结构、内浇外板结构等工业化的施工模式,展示了文化革命以后的城市和住宅技术发展动力,以此带动了全国工业化、标准化、模数化的探讨。

在规划设计上,20世纪70年代后期,根据住宅建设规模迅速扩大的需求,开始实施统一规划、统一设计、统一建设、统一管理的建设模式,小区建设的规模进一步扩大。

4.如果以1980年~1989年为一个阶段,请选择典型住宅代表该10年的中国住宅发展。

1980年~1989年代表性住宅:清华花园住宅(吕俊华教授)、全国三个试点小区建设(济南、天津、无锡)

从1982年开始由中国建筑学会牵头组织全国设计竞赛,对当时的建设标准进行试探性设计,取得了较好效果,中国建筑标准所在以后的5年中几乎每年都推出住宅设计竞赛,包括:"我心目中的家"、"国际住房年"、"砖混住宅体系化"等主题的全国范围的设计竞

赛。通过竞赛开拓了思想，打破了多年的禁锢，开始在设计行业中提倡创新，出现了很多优秀的作品和人才。清华大学吕俊华教授的花园住宅就是其中的典型范例。同时，由于对工业化和模数化的要求，作品中不乏很多标准化设计和灵活住宅的设计，引领了住宅产业深层次的研究和发展。

20世纪80年代中期全国开展了以三个试点小区建设（济南、天津、无锡）为主的"全国住宅建设试点小区工程"，取得了前所未有的成绩，从规划设计理论、施工技术及质量、四新技术的应用等方面，推动了我国住宅建设科技的发展。

这个阶段居住区规划普遍注意了以下几个方面：一是根据居住区的规模和所处的地段，合理配置公共建筑，以满足居民生活需要；二是开始注意组群组合形态的多样化，组织多种空间；三是较注重居住环境的建设，空间绿地和集中绿地的做法，受到普遍的欢迎。

5. 如果以1990年～1999年为一个阶段，请选择典型住宅代表该10年的中国住宅发展。

1990年～1999年代表性住宅：石家庄联盟小区小康住宅、中国城市小康住宅研究

1992年建设的石家庄联盟小区的小康住宅试点项目，在当时取得了轰动效应，短时间有10万人参观，被誉为住宅小区的典范和楷模。小康住宅起居厅的启用、入口门厅、储存空间、成套厨卫等设计均注重公私分区、干湿分区、动静分区等功能特色，从而广受欢迎，也为设计人员树立了样板。当时，担任建设部部长的叶如棠在看了利用屋顶做成的跃层式住宅后，夸奖说："这不就是空中别墅吗！"

20世纪90年代开始的小康住宅研究是我国与日本JICA的合作项目。历时5年，从编制小康住宅标准、小康居住行为模式、小康产品系列、小康厨卫定制研究、小康住宅体系化设计、小康模数协调等方面进行了全方位的探讨，提出了小康住宅"十条标准"。直到目前小康的设计理念和功能原则仍然发挥着重要的作用。从2006年开始，小康住宅被国家科技委列入"国家2000年小康住宅科技产业工程"，成为十大重点科技产业工程，小康住宅的影响力大涨。可惜这样的"国宅式的品牌"没能坚持下来。

"中国城市小康住宅研究"，对我国住宅建设和规划设计水平跨入现代住宅发展阶段起到了重要的作用。小康住宅强调以人的居住生活行为规律作为住宅小区规划设计的指导原则，突出"以人为核心"，把居民对居住环境、居住类型和物业管理三方面的需求作为重点，贯彻到小区规划设计整个过程中。"小康住宅居住小区规划设计导则"，作为指导小区规划设计的重要指导文件，主要创新点和成就为：

1. 突出以"社区"建设作为小区规划的深层次发展；
2. 打破固式化的规划理念；
3. 坚持可持续发展的原则；
4. 从小区规划开始，就引入物业概念，规划设计要保证为物业管理及服务方面提供便利的条件。

6. 如果以2000年～2009年为一个阶段，请选择典型住宅代表该10年的中国住宅发展。

2000年～2009年代表性住宅：万科情景花园住宅（天津水晶城）、北京锋尚国际、万科产业化住宅（深圳）

从1998年开始中国进入了全面商品住宅时代。住宅建设和商品住宅开发如脱缰的野马，发展速度惊人，开放型规划设计模式引入了国外的因素，在形式和开发模式上有众多的突破，使中国住宅打破了封闭式的禁锢状态，取得了飞速发展。万科情景花园住宅是众多类型中的突出代表，其体现了对人的亲情关怀和主张邻里关系和睦相处的哲学理念，突出人性化设计。在立面的处理方面采用了每层变化的多样性，利用简单的材料获得美的享受；在细节的处理上做到了精细化和定制化的目标。万科情景洋房的出现显示了时代的要求，也是市场化的体现。

市场化可以成就一个产品，但是却不能主导住宅产业化的实施。由于对住宅科技的重要作用认识薄弱，加之成本以及市场的急功近利等因素，科技的应用被开发商撂到了脑后。北京锋尚国际就是少有的几个开发商之一，走了一条技术之路，成为勇吃螃蟹的开发商，从项目中途改变主意，采用了欧洲流行的"低能耗、高舒适度"技术，获得了产品和市场的双赢。项目的成就造就了市场的影响力，也说明了技术应用的成果。但是，如此好的成功范例至今仍然推广寥寥，是何原因值得我们大家的思考！

至今的万科对企业及环境深谋远虑，力推的产业化住宅已走过了几年的历程，成败与否何以定论，尚需时日。为何如此艰难，万科的发展缺失了什么？政府在相关政策法规的制定以及健全行业发展环境方面应该如何作为？规划设计人员又将如何面临需求多元变化的市场？这都是未来中国住宅建设需要深思和行动的领域。

"中国住宅60年"——学苏街坊
"60 Years of Chinese Housing" – Soviet Union Neighborhood

北京百万庄住宅街坊

建　　筑　　师：张开济
总　　用　　地：18.9hm²
总 建 筑 面 积：12.6万m²
人均居住面积：6.7m²

北京百万庄住宅街坊位于北京西郊，1953年建成，是建国后北京第一批集中建设的大规模居住区，从规划到住宅设计都引进了苏联的技术，因此有人称之为"新中国第一个现代化居住区"。百万庄街坊的居住者主要是国家中央机关干部职工，街坊内以三层住宅建筑为主，福利建筑1~2层，分成子、丑、寅、卯、辰、巳、午、未、申9个区，其中申区为高干住宅区。总建筑面积125673.63m²。居住建筑布置形式是双周边式街坊，严格的中轴线对称布局，是典型的"一五"初期学习苏联的作品。那个时期在城市规划设计中，为了突现社会主义新国家的纪念性，往往强调街道立面美观、街坊的轴线、对称布置等因素，百万庄街坊就是此类街坊的代表(参见本期"中国住宅60年关键词——街坊")。从居住的角度看，此前解放初期的居住建筑，有些是分散各处建造的，集中成片的也未形成有组织的建筑群及将生活福利设施与居住建筑统一安排。百万庄住宅区是按住宅街坊建造的开始，相对较为完整。居住建筑从由分散建造和漫无边际的排兵营进而按街坊设计和建造是一个极大的进步，但是当时的城市规划没有大片建设居住区的经验，照搬苏联模式，在使用中出现了一些问题。

如今，百万庄及其同时代的居住街坊已经成为了新中国初期的城市记忆，但是此类1949年后的居住建筑群至今没有明确的法规予以保护。2004年，由于房屋结构安全等问题，百万庄街坊成为了北京市危改对象立项。2006年，北京市西城区政协委员递交了《关于加强对百万庄小区保护和整治的建议》的提案，建议保护百万庄街坊。2009年同时期建成的洛阳第一拖拉机厂10号街坊被建议作为工业遗产进行保护，这也许会给街坊的合法保护地位带来契机，为我们的城市留住一个重要的年轮。

1. 北京百万庄住宅街坊(图片来源：Google Earth)
2. 北京百万庄住宅街坊平面(图片来源：《建筑学报》1956年第6期)
3~7. 北京百万庄住宅街坊实景照片(图片来源：由王韬提供)

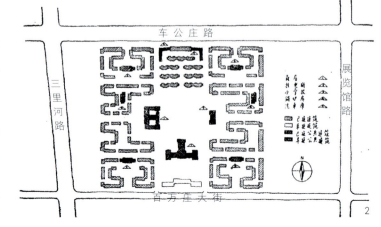

"中国住宅60年"——学苏小区
"60 Years of Chinese Housing" - Soviet Union Housing District

北京夕照寺小区

总 用 地：74hm²
总住宅建筑面积：307100m²
远期人均居住面积：9m²
近期人均居住面积：7.5m²

北京夕照寺小区是1957年北京第一个按照苏联的居住区规划思想设计的小区。此前的新建居住街坊由于规模不够和忽视生活服务设施配套，给居民生活带来了很大的不便。小区规划思想最大的改变就是强调一个居住区的生活服务设施的完整性，通常以能设置一个小学为居住区的最小规模。

夕照寺小区位于北京市中心区的东南方向，介于铁路、河及道路之间，总用地面积74hm²，住宅总建筑面积30万m²，规划人口规模16700。小区规划采用了街坊群的形式，在小区的中间位置，围绕古迹，规划了一个供居民使用的公园。居住街坊内部采取院落式布局，呈内外院布置，外院服务于停车、商业等用途，内院形成安静的居住环境。住宅建筑为4～6层，以两端各一个三合院簇拥一个中央绿地形成一个院落，其围合布局仍旧有学苏街坊的痕迹。按照当时的规划，夕照寺小区配套建设的有：一所24班中学、3所小学、5个托儿所、4个幼儿园、商业设施、门诊部、派出所、邮电所、街坊办事处、储蓄所、图书室、车库、锅炉房等生活服务设施，是当时新中国成立后，城市建设中出现的功能最完整的居住区。

*参见：傅守谦等．北京市夕照寺居住小区规划方案介绍．建筑学报，1958(1)

1.北京夕照寺小区住宅群平面(左)及透视(右)
{资料来源：吕俊华．小区建筑．空间构图．建筑学报，1962(11)}

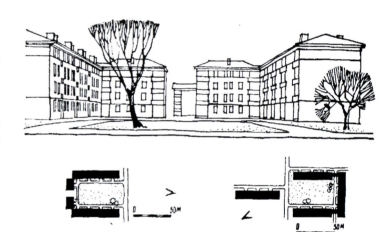

2.北京夕照寺小区院落布置平面(左下)及透视(上)
{资料来源：吕俊华．小区建筑．空间构图．建筑学报，1962(11)：2}

3.北京夕照寺小区(图片来源：Google Earth)
4.北京夕照寺小区远期规划总平面
{资料来源：傅守谦等．北京市夕照寺居住小区规划方案介绍．建筑学报，1958(1)}
5.北京夕照寺小区总平面图

东侧立面

南侧立面

北侧立面

6.居住小区街景立面
〔资料来源：傅守谦等．北京市夕照寺居住小区规划方案介绍．建筑学报，1958(1)〕
7～12.北京夕照寺小区实景照片（图片来源：由王韬提供）

"中国住宅60年"——中国街坊
"60 Years of Chinese Housing" - Chinese Neighborhood

北京幸福村街坊

总 建 筑 师：华揽洪
用　　　 地：7.4hm²
居住建筑面积：5.1万m²

1957年完成的北京幸福村街坊设计在很多方面都是划时代的，这个规模不大的居住街坊从规划、户型和建筑形象上都与1950年代初期学苏的做法完全不同。这种不同并非来自建筑师追求个性的特立独行，而是因为他们能够摆脱当时住宅设计中的形式主义，真正从居住者实际需求考虑当时的住宅设计问题。

1950年代中国的住宅区规划深受学苏周边式街坊的影响，而这种纪念式的街坊布局没有照顾到中国家庭在日照、通风等方面的需求。此外，学苏的住宅标准设计在户型方面的"合理设计不合理使用"使得几个家庭不得不合用一套住房，还存在很大的相互干扰，各家关起门来无法通风、分得北向居室的人家终年不见阳光等问题。

幸福村的规划完全呈现了一种自由式的格局，而这种形式上的突破是因为——按照华揽洪先生的说法——"建筑群体型和空间的艺术处理方面不强调图案上的轴线对称关系，而着重在它本身的实际效果上，也就是人们在街道上院子里可能感觉到在体型、空间、比例尺度上的效果"。这种从居住者的角度出发的规划设计思想，在当时是前所未有的。

幸福村的住宅按照人均4.7m²居住面积设计而不是苏联的人均9m²标准，由于每户的面积变小，两三户围绕一部楼梯组成的单元式布局在使用上既不经济也难以保证各家各户的朝向与通风。因此，幸福村采取了外廊式设计将沿走廊一侧布置的小面积住房串联起来，共享一部楼梯，力争做到独门独户，这样就可以完全保证每户住宅都有最好的朝向和自然通风，这也是从家庭实际使用住宅的角度出发的结果。

幸福村的划时代意义体现在它最早摆脱了来自苏联的形式主义影响和来自苏联的住宅设计与中国国情的脱节，使得住宅建筑从歌颂新中国成立的纪念性风格中摆脱出来，从规划、建筑、服务配套、室外活动等各个方面服务于当时中国家庭的实际居住需求，代表了中国住宅建筑发展中的理性求实精神。

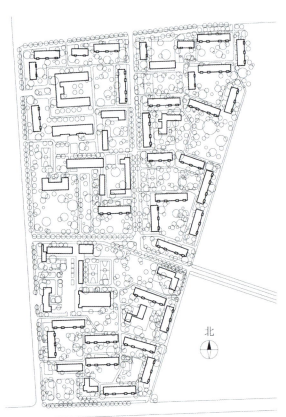

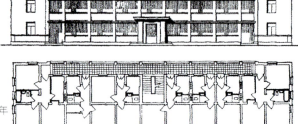

1. 北京幸福村街坊总平面
2. 北京幸福村
（图片来源：Google Earth）
3. 北京幸福村住宅单元
（资料来源：《建筑学报》1957年第3期）
4~7. 北京实景照片
（图片来源：由王韬提供）

"中国住宅60年"——花园住宅
"60 Years of Chinese Housing" - Garden Housing

台阶式花园住宅

总建筑师：吕俊华
地　　点：北方工业大学
建成时间：1985年
规　　模：建筑面积9000m²，152户住宅

1980年代的"台阶式花园住宅"两次在全国住宅设计大赛中获首奖，向全国十余个城市推广后，建成了百余幢住宅，共十多万平方米。在北京建成的台阶式花园住宅曾获"中国80年代建筑艺术优秀作品奖"，是当时"全国十佳作品"之一。

台阶式花园住宅的出发点，是要打破当时中国住宅一刀切、行列式、居住区面貌千篇一律的单调局面，是针对我国特殊的居住问题的一个创造性设计。其设计思想最初的形成是针对当时多层住宅固有的弊端——既无低层田园之趣，又无高层生活之便。按照住宅间距要求，多层住宅之间有20多米的空地，却成了居民打扫卫生的负担。台阶式花园住宅的设计中将这块地面升上来，为每户提供一个屋顶花园。这样既保证密度又改善环境，多层住宅，多层绿化，在各层高度上由居民自己来实现花园住宅的理想。

为节约用地和形成连续的院落、街道空间，大部分单元必须能够拼联，因此，花园住宅形成了一种大天井单元，户型下多上少，体形下大上小，平台大部向南，很像玛雅人的金字塔。为了适应屋顶平台层层后退，以及单元东西南北自由拼接，花园住宅像中国传统住宅那样，以3380mm方网格形成近10m²的基本"间"为单位，用隔扇四扇折叠门分割成灵活空间。开间进深只有一个参数，这对于标准化、工业化、系列化以及各种结构体系之间的转化都是大有好处的。这种可大可小的户内多空间组合，便于适应不同人口结构、白天晚上、近期远期各种需要和变化。利用各种套型比组成单元，可适应不同的面积标准。各种外形和拼接方向的单元形成序列，每个单元管线又独立设置，这样，可以根据不同地段条件组成多样化的建筑群。

1980年代，中国住宅建筑标准普遍较低，住宅成套的概念也刚刚获得认可。而花园住宅在满足当时用地和住宅标准的前提下，前瞻性地提出了住宅应该为家庭同时提供室内外空间，并以创造性的精巧设计取得了预期的效果，成为了1980年代中国住宅建筑的代表作品。

1.台阶式花园住宅方案设计小组（图片来源：清华大学建筑学院资料室提供）
2.3.吕俊华先生花园住宅草图（图片来源：清华大学建筑学院资料室提供）

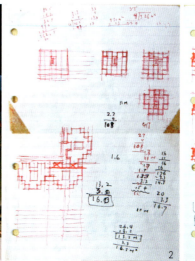

4~6.台阶式花园住宅实景照片（图片来源：由王韬提供）

7~9.台阶式花园住宅实景照片（图片来源：由王韬提供）
10,11.台式花园住宅平面（图片来源：吕俊华先生提供）

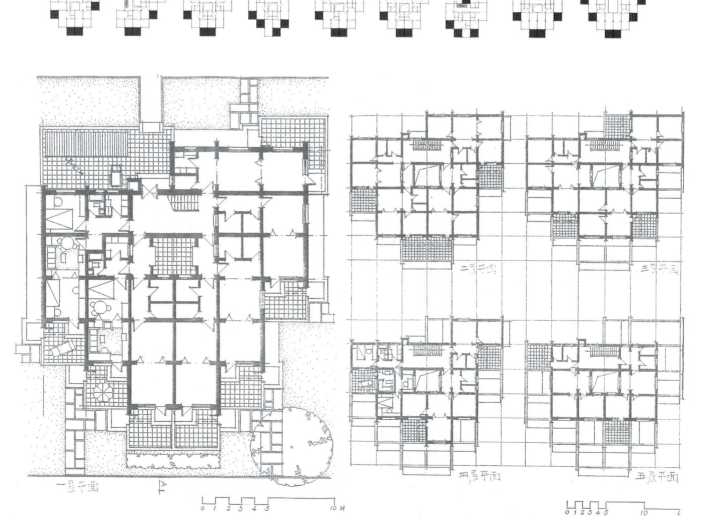

12~14.台阶式花园住宅实景照片（图片来源：由王韬提供）

15.台阶式花园住宅立面、剖面及室内透视图
（图片来源：吕俊华先生提供）

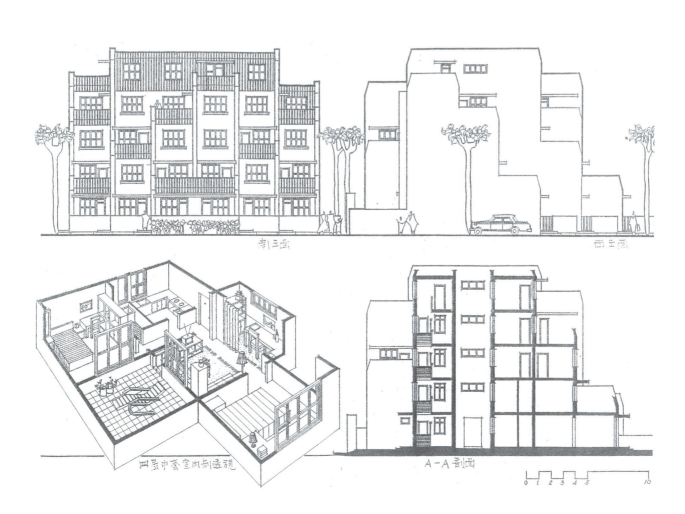

"中国住宅60年"——中国土地第一拍
"60 Years of Chinese Housing" - the First Land Auction

深圳东晓花园

在深圳罗湖一片繁忙的地铁工地旁，穿越重重障碍、询问众多路人，终于找到了布心路与东晓路交汇处的东晓花园，它掩映在枝丫横生的木棉花后，在周围新建高档小区华丽外装的对比下，东晓花园房屋灰白色的外立面越发陈旧。或许，在多次转手后，如今的小区业主们很少再会记起，他们脚下的土地曾经拥有多么显赫的威仪，并直接促进了中国宪法的修改。

1987年12月1日下午，原深圳市规划国土局局长刘佳胜敲下了新中国历史上震撼人心的土地拍卖第一槌，东晓花园这块占地8588m^2的土地，土地编号为H409-4，住宅用地，年限50年，被当时直属深圳市房地产管理局的深圳经济特区房地产公司（深房集团前身）在17分钟内以525万元的最高价夺标，并建成了当时深圳最大的商品房住宅小区——东晓花园。

很显然，在当时宪法明令禁止土地买卖的背景下，当日"违宪"的土地拍卖自然牵动着中国朝野上下，"中国中央政治局委员李铁映、国务院外资领导小组副组长周建南、中国人民银行副行长刘鸿儒以及来自全国17个城市的市长、28位香港企业家和经济学家来到了拍卖现场——深圳会堂，中外十几家新闻单位的60多名记者准备记录这一历史时刻。"

东晓花园，项目原定名为东升花园，总建筑面积1.56万m^2，采用当时国内罕有的围合式建筑布局，包括8栋7层多层商品房住宅，共154套。拿地后6个月即动工，不到1年便全部建成，1988年7月份开售，均价1250元/m^2，买家排队购房，1小时内告罄。

*图片来源：由戴静提供

1. 深圳东晓花园与一墙之隔的新建高档小区
2. 3. 深圳东晓花园临街外景
4. 5. 深圳东晓花园内景

6. 深圳东晓花园内设置的公共邮政信报箱
7. 深圳东晓花园内的文化宣传栏
8. 深圳东晓花园配电房
9. 深圳东晓花园水泵房
10. 深圳东晓花园管理处入口标牌
11. 深圳东晓花园居民公约
12. 深圳东晓花园单元出入口
13. 深圳东晓花园停车收费标准
14. 深圳东晓花园车行出入口外围实景
15. 深圳东晓花园车行出入口
16. 深圳东晓花园人行出入口
17～20. 深圳东晓花园围合内院公共空间

"中国住宅60年"——第一会所
"60 Years of Chinese Housing" – the First Tenants Club

深圳百仕达花园一期会所

20世纪80年代,香港在结合自身房地产市场特点的基础上盖起了会所,以满足业主日常生活需求。1990年代中期,深圳房地产市场渐渐进入第二轮发展期,部分有香港背景的发展商将会所概念引入深圳,从此一发不可收拾,会所之风愈演愈烈。

1996年1月18日,百仕达地产开始兴建深圳第一个园林小区会所,也成为全国商品小区中的第一个会所。

其后,深圳地产商迅速地将会所纳入自己的发展规划中,并逐步将会所概念营销到极致。会所的性质从最初的满足需求变成营销筹码。

与运营相比,会所产权的不清晰成为业主心中永远的痛,法律上

*图片来源:除标注外,由戴静提供

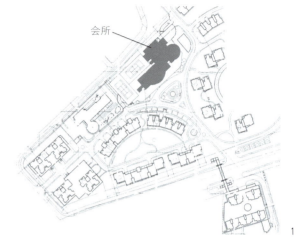

1. 深圳百仕达花园一期总平面图(图片来源:《深圳勘察设计25年》)
2. 深圳百仕达花园一期会所实景

的缺位,让业主在使用的过程中无法将自我的意识灌输在会所这种公共设施的经营管理中;另外,长期的维护运行成本也成为会所良性发展的一大障碍。会所这个曾经带给开发商、置业者高品质生活理念的事物,如今却陷入尴尬境地,当初为了吸引购房者而不惜重金兴建的小区会所如今成了"烧钱黑洞",经营的困境致使大量楼盘会所转而成为"烫手山芋",成为诸多楼盘发展商不能承受之重。

3.深圳百仕达花园一期小区实景
4.深圳百仕达花园一期会所网球场(图片来源:《深圳勘察设计25年》)
5.深圳百仕达花园一期会所前的雕塑
6.深圳百仕达花园一期会所的咖啡厅

"中国住宅60年"——郊区大盘
"60 Years of Chinese Housing" - Suburban Giant Housing District

深圳万科四季花城

近年来,由于城市中心区土地资源的短缺和资金压力的增大,一些房地产开发商在城市近郊大量圈地,开发城郊大型和超大型住区,这些住区在尺度、容纳的人口以及对外的交通系统等方面,已经超越了传统意义上的居住小区的概念,形成一个"小城市",或"卫星城"。

深圳万科四季花城是深圳万科地产的第一个大型社区,也是万科"四季花城"系列的第一个项目。该项目容积率1.45,共4700户,是以多层为主,中高层、情景洋房、联排住宅为辅的大型低密度居住社区。

该项目规划设计运用了"新城市主义"理念,以小镇为主题线索,采用了外环路+尽端路组织交通的车行体系,结合横贯东西的步行序列空间(包括"开放式商场"及社会广场等其他服务设施),使人车得到水平划分。设计运用的街区住宅平民理念及人文尺度是该社区的另一特色。其特点:平民思想和现代乡村居住模式,即街区邻里、内庭院共享、购物交往、市民广场等市俗生活概念与空间结构。

开发商"造城",一方面可以系统、持续地营造社区环境,另一方面,却缺乏"城"的历史孕育和多样性兼容。真正的城市不是建筑,新城也不是一个短期建设项目,如果缺乏对于其深层次社会含义的理解,那么这就很可能产生一个五脏俱全却没有思想的行尸走肉;如果它在发展中也没有孕育自己的生命,获得居民对居住区域作为精神家园的认同,那么新城必然在历史的发展中萎缩,甚至被抛弃。"房屋只构成镇,市民才构成城。"

*图片来源:图1~3选自《深圳勘察设计25年》
图4~6由匠力·建筑影像陈勇提供

1. 深圳万科四季花城总平面图

2~6.深圳万科四季花城实景照片

"中国住宅60年"——旅游地产
"60 Years of Chinese Housing" - Tourist Housing Development

华侨城"波托菲诺"项目

2001年6月28日,华侨城"波托菲诺"首次在"2001年深圳房地产(香港)展销会"公开亮相,旅游地产主题被正式提出。应该说,"波托菲诺"很幸运,2000年华侨城的旅游产业完全成熟,锦绣中华、民俗文化村、世界之窗、欢乐谷全面开放,旅游业已经成为了华侨城的支柱产业,此间,华侨城提出了结合丰富的旅游做地产,也就是旅游地产的雏形,对华侨城而言,这是一个水到渠成的过程。

108万m²的高档社区"波托菲诺"除了融合意大利"波托菲诺"小镇的优美环境外,更强调建筑形态与悠闲舒适的生活融为一体。

继"波托菲诺"之后,华侨城决心打造全国旅游主题地产第一品牌,并开始把这个品牌效益放大到全国。

北京、上海、成都等地华侨城项目陆续动工。

*图片来源:除标注外,由匠力·建筑影像陈勇提供

1.深圳华侨城"波托菲诺"实景照片

2~5.深圳华侨城"波托菲诺"实景照片

（图片来源：图4由赵晓东提供）

6~13. 深圳华侨城"波托菲诺"实景照片

"中国住宅60年"——中式住宅
"60 Years of Chinese Housing" - New Chinese Style Housing

万科第五园

好多年前,我们就开始感叹:"西风"大盛,"东风"式微。

事实上,对于欧陆风的批判在建筑界从来都没有停止过,而关于中式传统住宅的现代化探索也同样从未停止过,万科第五园在这方面迈出了一步,获得了巨大的商业成功,并带来广泛的社会赞誉。

第五园是一个最易懂的产品,也是一个最复杂的产品。它是大工业时代的产物,没有雕梁画栋那些农业时代的手工艺品。像第五园宣扬的那样:中式、现代。它传达出对中国传统民居进行现代化包装的探索。

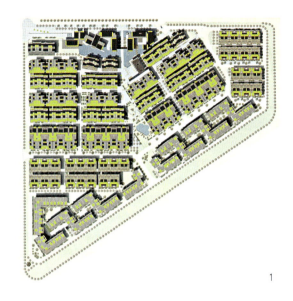

1.深圳万科第五园一期总平面图(图片来源:选自《深圳勘察设计25年》)
2~3.深圳万科第五园实景照片(图片来源:由赵晓东提供)

4.深圳万科第五园六合院(图片来源:由赵晓东提供)
5.深圳万科第五园商业街鸟瞰(图片来源:由赵晓东提供)

6~12.深圳万科第五园实景照片(图片来源:图6.9.11由赵晓东提供.图7.8.10.12.由匠力·建筑影像陈勇提供)

"中国住宅60年"——绿色住宅
"60 Years of Chinese Housing" - Green Houses

深圳招商泰格公寓

随着中国房地产业的发展,人们越来越注重住宅的内在品质。绿色住宅成为我国住宅发展的一个方向。绿色住宅,强调住宅与环境之间的依存关系。中国《绿色建筑评价标准》中定义"绿色建筑":"绿色建筑是指在建筑的全寿命周期内,最大限度地节约资源(节能、节地、节水、节材)、保护环境和减少污染,为人们提供健康、适用和高效的使用空间,与自然和谐共生的建筑"。这个定义在"全生命周期"的范畴内,强调了资源使用、人居环境质量、人与自然关系三个方面的平衡关系,从而也为"绿色住区"指明了方向。

深圳招商泰格公寓从开发建设至装修的家居布置和服务管理的全过程,都采用先进的科学技术,使居住区达到绿色、节能、环保的高舒适、低消耗、低污染物排放要求。泰格公寓已通过美国绿色建筑委员会LEED(Leadership in Energy & Environmental Design)认证,获得银奖。招商地产更因此荣获了美国绿色建筑委员会颁发的卓越贡献奖。

*图片来源:选自《深圳勘察设计25年》

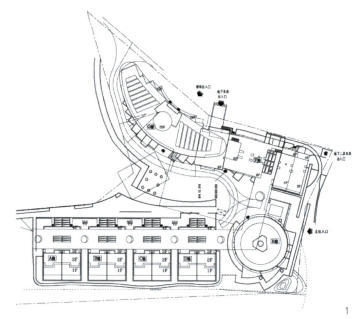

1. 深圳招商泰格公寓总平面图
2~7. 深圳招商泰格公寓实景照片

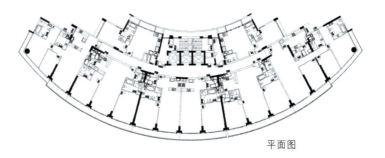

平面图

8.深圳招商泰格公寓实景照片
9.深圳招商泰格公寓平面图

"中国住宅60年"——绿色住宅
"60 Years of Chinese Housing" - Green Houses

北京锋尚国际公寓

北京锋尚国际公寓是中国第一个"告别空调暖气时代"的"高舒适"、"低能耗"项目,是全球可持续发展联盟(AGS)组织在中国惟一提供技术支持和跟踪监测的房地产项目,在国内第一次全面执行欧洲发达国家住宅标准。

这种没有传统空调和暖气片的高舒适度环保住宅,一年四季保持在20℃~26℃的人体舒适温度和湿度,置换式新风对人体健康极为有利。

从"低能耗"到"零能耗",从"告别空调暖气时代"到"人性化住宅代表",锋尚国际公寓依靠先进的保温隔热外建筑围护结构,配合置换式健康新风系统和混凝土采暖制冷系统、中央吸尘系统等30余项建筑新技术,首次在国内住宅建设中实现了"告别空调暖气时代",在中国建成了第一个欧洲发达国家居住标准的超五星级、高舒适度低能耗公寓。

*文字及图片:北京构易建筑设计有限公司

1. 北京锋尚国际公寓实景
2. 砖幕墙和超大尺度外窗玻璃构成的外立面
3. 600mm×200mm干挂砖幕墙
4. 外墙保温截面图
5. 北京锋尚国际公寓一层平面图
6. 北京锋尚国际公寓效果图

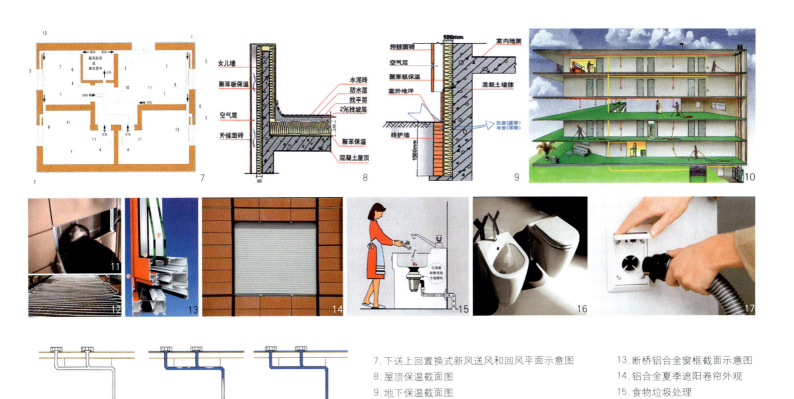

7.下送上回置换式新风送风和回风平面示意图
8.屋顶保温截面图
9.地下保温截面图
10.中央吸尘系统
11.100mm厚高密度聚苯保温隔热板、流通空气层
12.混凝土采暖制冷子系统
13.断桥铝合金窗框截面示意图
14.铝合金夏季遮阳卷帘外观
15.食物垃圾处理
16.卫生间后排水挂厕技术
17.全循环中央热水系统
18.屋面雨水虹吸排放技术

19~22.北京锋尚国际公寓装修实景

"中国住宅60年"——绿色住宅
"60 Years of Chinese Housing" - Green Houses

当代MOMA——科技建筑美好生活

本着设计一座能够顺应21世纪可持续复合型居住区的理念，设计师酝酿构思出了当代MOMA的设计方案。该项目毗邻北京内城的第一条环线，设计灵感源自于构建一座城中城。这座城中城由630套住宅、一座有40个房间的酒店，以及可以满足为2500位社区住户提供日常生活服务的一系列生活设施，诸如电影院、幼儿园、咖啡屋和洗衣房等共同组成。面对近几十年北京城市社区无节制的快速发展，这一项目的设计者把注意力集中在：如何让共同生活于一个公共空间内的邻里关系更加融洽与和谐发展。

绿色节能技术在整个工程中扮演着重要的角色：672个地源热泵井提供了大约5000kW冷暖能源，中水处理系统用于冲水马桶用水。另外，将可再利用的铝板用于建筑立面，将复合式环保材质用于地板铺装。建筑的灯光设计减少了人工光源的使用，并且为内部空间划分提供了最大的灵活性。

*图片：当代节能置业供图
*文字：梁子

1. 当代MOMA建筑模型

2. 创意原型绘画：舞者
3. 当代MOMA建筑模型

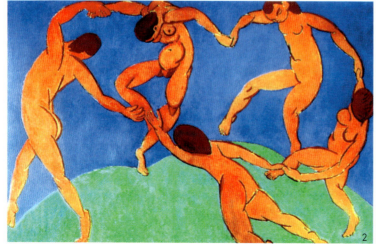
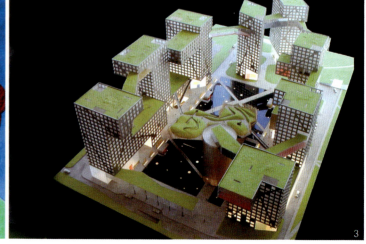

4~5.斯蒂文·霍尔手绘图
6.当代MOMA一层平面图

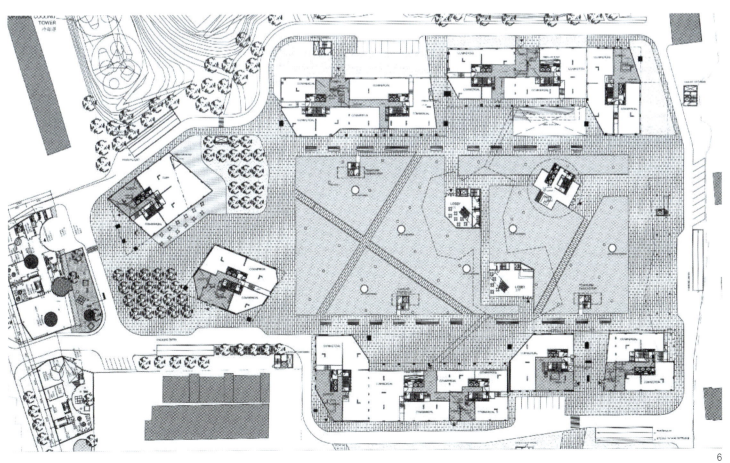

7~10.当代MOMA实景照片

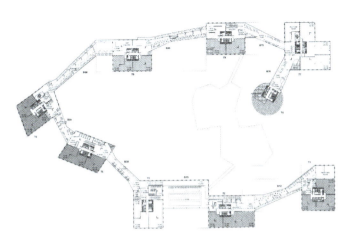

11. 当代MOMA平面图
12~13. 当代MOMA实景照片

以一个挑剔的客户身份做设计
——对话中建国际（深圳）公司宋光奕先生
Designing As A Picky Client
A dialogue with Mr. Song Guangyi, CCDI Shenzhen

住区 Community Design

深圳凭借自身特殊的地理位置，与香港有很多层面的往来。改革开放30年来，香港住宅领域的经验对深圳有怎样的借鉴作用？深圳应学些什么，又学到了什么？作为改革先锋城市，从20世纪70年代的一个边陲小渔村发展至今，深圳所走过的这条不平凡的发展道路，对全国又有怎样的辐射及影响？带着这些问题，《住区》采访了有着13年在港工作经验、现任中建国际(深圳)设计顾问有限公司居住建筑事业部设计总监的宋光奕先生。

在有限的面积里，把户型做得到位和精细

我于1987年毕业后被分配到天津市建筑设计院，1995年因"专才计划"去了香港，刚开始的两年在香港做施工，从1997年到2008年，分别在香港许李严事务所及香港嘉伯建筑师事务所有限公司工作。

我第一天到香港，看到表哥在火炭租的一套公寓，非常吃惊：房间小得刚好放满一张单人床！月租金却高达12000～13000元，这情景完全出乎我的想象。后来随着对香港地少人多状态的了解，我也体会到了香港建筑师在户型设计方面的功力。他们会把人的活动，在什么样的区域需要什么样的空间研究得很透彻，并能在非常有限的面积里，把户型做得到位和精细。

另外，香港的室内设计师很值得我们学习。住宅方面，内地正在拉近与香港的差距，但是商业建筑的室内设计，比如小的餐厅、酒吧等，香港还领先我们很多，主要表现在设计的创意层面。香港是个国际大都会，世界各地的设计师及设计思潮会云集于此，这使香港的室内设计师面临激烈的竞争。我在许李严事务所的时候，经常会带内地访港的设计单位去半岛酒店顶层的酒吧参观。那是一个法国的室内设计师设计的，整体风格很浪漫，尤其卫生间的设计，极具创意。

现在内地跟香港最大的差距是在建筑细部的处理，我觉得这主要是体制造成的问题：比如内地的设计院在完成项目施工后，就交给装修公司了，从而存在脱节的情况，因为设计师无法控制项目后期的实施过程，结果就容易与设计师预想的效果产生差距；而在香港，从头至尾，包括每个节点细部，都是建筑师亲自负责，所以对整个效果的把控就会很到位。举个例子，大家都熟悉深圳的万象城吧，它的外立面与内部运用了统一的材料，如果换了本地的设计单位，很可能室内材料就会发生变化，建筑的整体风格也许就不会像现在这样统一完美。

香港住宅对立面的要求远远不及内地强烈。因为香港的建筑法规定，出挑的构件及阳台要算面积，这就使得设计师对立面的设计回归到理性层面。这与国外的住宅建筑较接近，都比较务实，而内地可能为了立面，增加很多不必要的元素，甚至有些普通的住宅建筑，竟然做了玻璃幕墙，使用不方便，造价又高，最终的效果也很难保证。我认为住宅设计在满足经济实用的条件下尽可能做得美观就行，而不是追求住宅的盲目奢华。

香港户型设计集约、高效，受限于其特殊的地域条件。香港人多地少，有很强的地域性，这要求设计师在有限的命题里，尽力把文章作好，创造优秀的户型。他们在设计理念上的突破创新，是我们内地设计师最值得借鉴和学习的，比如对有限的空间的分析，包括人们所需的舒适程度及活动需要的空间尺寸等，他们都发挥到了极致。回到内地，在条件相对宽松的情况下，我们理应做得更好，而不是简单地照搬过来。

两地的合作，是一个不断沟通、交流与磨合的过程

谈到两地的沟通，从20世纪80年代开始，深港两地的设计师就开始有交流了，当然当时主要还是香港公司来内地。2001年前后我在许李严事务所曾经参与了万科十七英里的项目设计。由于两地文化的差异，中间磨合的过程中双方也产生了一些误会，万科曾一度对我们产生一定程度的不信任。当然到后来我们拿出模型，再到项目完工，万科还是比较满意的。这是一个不断交流、沟通、磨合的过程。

深港两地民营设计公司在运营方式、管理方式等方面有很大差异

香港公司在运营方式上与内地有很大的差异。香港的建筑师事务所业务设置较为单一纯粹，而内地的设计行业相对复杂很多，有综合性设计院，也有只做建筑设计的设计院，甚至有些像游击队的无牌照设计团队，这一点跟香港的差异还是很大的。管理方式的差异则更大，香港多为合伙人事务所，几个老板就是公司最大的股东和管理者，向下辐射有一些合伙人、项目经理等；内地很多设计单位还在进行国企的管理模式，很多情况下会用行政手段干预设计，这样会限制建筑师的发挥。

深圳的住宅设计创新性及对全国的辐射作用

深圳的住宅设计行业在全国相对领先，尤其是对内地二、三线城市的辐射作用很大。当下被大众认可的住宅设计基本原则，很多都是从深圳蔓延开来的，比如两个卫生间、卫生间采光、厨卫的尺寸标准、入户花园、复式、退台、住宅外立面的处理(构件、天际线)等等。

深圳很多设计公司在内地做项目。以中建国际(深圳)设计公司为例，我们在内地很多省会城市都有项目。从我们所接触到的来看，像西安、长沙等城市跟深圳的差距还是很大的。很多城市20世纪90年代的建筑已经破旧不堪，到了要拆迁的程度，这让我们很痛心，因为毕竟是国家的财产，这么拆了建、建了拆，浪费的是大家共有的资源，所以我们也希望把深圳先进的设计理念向二、三线城市辐射。当然这也有一定局限性，特别是地域的限制。内地跟深圳的开放程度、文化、居民生活习惯及地区气候特点等均不同，所以我们不能急功近利，只有一步步地慢慢来吧。

从居住者的需求出发，在居住者的角度做设计

近30年整个住宅领域发生的变化可以说是翻天覆地的。20年前北方的住宅是没有厅的，取而代之的是一个大的走道；住宅大都是6层的砖楼，高层是不会被接受的。而现在的城市住宅改变很大，人们除考虑住宅功能完备之外，还会考虑景观、立面、家装等因素，这些在二三十年前是我们想都不敢想的。我觉得住宅做得好不好，最需要关注的是住户的感受，住得好不好，舒适不舒适，应该是放在第一位的；在满足舒适度的前提下，把景观和环境尽可能地做好；另外，住宅的立面对城市的容貌景观具有一定影响，在进行建筑设计的时候也应该充分考虑其对城市的贡献作用。

我认为当下住宅设计最本质的关注点应该在居住者，即从居住者的需求出发，以居住者的角度做设计。居住建筑设计要以人为本，居住的舒适度永远都是第一位的；设计师要以自己为一个十分挑剔的客户身份来进行设计。

遗憾的是，国内大多公司、企业出于对利润的追求，特别是近半年来随着房地产市场的回暖，很多项目都处于一个加班加点的状态，开发商催着要成果，公司亦有业务量的要求，建筑师基本上没有时间回头评估作品的好坏。作品的再评估应该包含在设计的整个过程中，但是由于国内市场的不规范等一系列原因，这个过程往往被我们忽略和删除掉了，这是件很遗憾的事情。希望在今后的设计当中，我们可以弥补这些不足的地方，相信老百姓的居住条件也一定会越来越好！

略论生态住宅区的规划与建筑
——以德国Scharnhauser花园居住区为例

On Ecological Community Planning and Architecture
Taking Scharnhauser Park as an example

黄昊壮 张 敏 Huang Haozhuang and Zhang Min

[摘要]文章以Scharnhauser花园居住区的规划建设为例，论述生态居住区的规划与建筑设计不应仅注意绿化和能源，更要关注功能混合、交通规划和城市设计等方面，因地制宜地从居住、工作、购物、休闲、学习等各方面进行设计，创造宜居的生态居住区。同时，生态的设计也并不一定是昂贵的高科技产物，对一些细节的改造往往就可以收到良好的效果。

[关键词]生态居住区、旧军营改造、雨水循环、新能源

Abstract: the author tries to elaborate that eco-settlement is not only a settlement with more trees and water area, but also should be pay attention to mixed using in the district, traffic planning and city design. An eco-settlemen should meet the requirement of the residents by allday living, such as dwelling, work, shopping, recreation and study. Planning based on the local conditions is also very important. Moreover, eco-settlement didn't mean a settlement with high-technology, in many casees, a little change of the traditional technology can also get a good result. The Polycity project, Scharnhauser Park in Stuttgart, Germany will be in text as example mentioned.

Key words: eco-settlemen, reuse of ex-barrack, circle of the rain water, new energy

前言

生态住宅区在近年的住宅设计与开发中不断涌现，在网上搜索"生态住宅区"，可以找到相关网页超过40万篇，可见这一概念已经被大众广泛接受。但是什么样的住宅区算是生态住宅区呢？从现已建成或者规划的"生态住宅区"来看，其生态的方面主要在于住宅区内的绿地面积较大、有大面积的水面(通常是人工的)、住宅采用节能材料建造、安装太阳能收集器(太阳能热水器或太阳能电池板)、具有中水利用系统等。然而，这样的"生态住宅区"就足够生态了呢？事实上，生态远不止绿化、节能、节水这么简单，与现有环境的关系、交通、功能分区等等，都是生态住宅区的关键。如果一个绿意盎然的住宅区，却以破坏原有生态环境为代价，而且道路拥挤、区内充满汽车的废气和噪声、住户疲于奔命于工作和居住，确实难说其是生态住宅区。本文以德国Scharnhauser花园居住区(Scharnhauser Park)为例，拟从规划、建筑、景观细节几

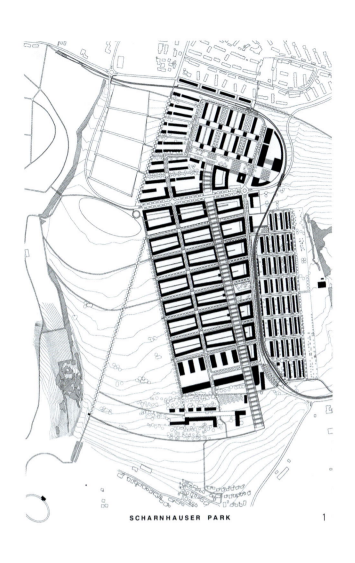

1. 德国Scharnhauser花园居住区规划总平面图
（图片来源：www.dasl.de）
2. 德国Scharnhauser花园居住区卫星照片
（图片来源：Google Earth）

方面，介绍生态住宅区的一些规划和设计经验，以期能促进生态住宅区的发展，进一步改善城市环境。

一、规划

1. 规划概述

Scharnhauser花园居住区位于德国斯图加特市东南郊区，靠近飞机场。整个地势为一个向南倾斜的缓坡。这个地区在19世纪时曾作为国王的行宫和花园，二战后美军进驻此地，并从20世纪50年代起成为美军的兵营与航空站。1992年世界政治局势缓和，美军撤离这个兵营，土地重新划归当地政府所有。

居住区占地约140 hm^2，其中绿地约70 hm^2，包括公共开放绿地和园林、活动场地及广场；其余土地中的48 hm^2作为建设用地，25 hm^2用于道路和地铁线路建设。净建筑用地（建筑基底面积）为38 hm^2，其中约24 hm^2用于住宅建设，10 hm^2用于第三产业，4 hm^2作为学校、市民中心等公共设施用地。总规划居住单元3500个，居民9000人，人口密度150人/hm^2，同时将提供2500个工作岗位。

Scharnhauser花园居住区是欧盟生态研究项目Polycity[1]的3个实验工程之一，获得800万欧元的资助，并成为德国示范生态居住区。规划结合了许多新能源概念、水资源循环概念及城市设计概念，于2006年获得德国城市设计奖。总体规划由Janson + Wolfrum事务所完成，雨水循环设计由Atelier Dreiseitl完成，公共建筑通过设计竞赛选出优胜者进行设计。

2. 以公共交通为主的交通概念

交通规划确立以公交优先为原则，兼顾私人汽车的使用，并注重创造良好的步行和自行车环境。

（1）公共交通

虽然德国的汽车工业十分发达，但是在新的城市发展规划中，公共交通一直是交通规划的重点，有的新居住区规划中，甚至提出了无汽车社区的概念。总体来说，小汽车的发展给城市带来的负面影响很多：占地面积多，消耗矿物燃料，排放废气、粉尘和温室气体等等。德国新城区的建设经验表明，公共交通线路的规划和建设应该与城区的规划建设同时甚至提前开展，因为新城区一旦建成，居民在入住之时如果缺少便捷的公共交通，就会被迫利用私家车作为代步工具。因为由奢入俭难，此后即使地铁线路建成，亦很难让习惯于开车的人群改为使用公共交通工具。另外，公共交通的运载能力应该与城区的建设相适应，国内很多新建居住区规划人口几万至几十万，却仅有一条运载能力2万人/小时的地铁线路，导致公共交

3. 原美国军营总平面图(图片来源:www.billybils.de)
4. 德国Scharnhauser花园居住区道路系统图(根据卫星照片绘制)
5. 住宅组团间的停车场和垃圾收集、转运点
6. 窄小的道路可以提供安宁的居住环境

通的服务质量与安全不能保证,进而迫使居民转向使用私家车代步。Scharnhauser花园居住区规划之初就确定以公共交通为主的交通概念,把原终止于3km外的地铁线延伸到居住区,并从居住区中间穿过,以方便居民出行。整个居住区有两条地铁线与市中心或相邻城区相连,并设有3个站点,服务半径保持在500m左右。另有公共汽车直达飞机场,为区域内发展与航空有关的现代服务业提供便利的公共交通。

(2)道路交通

对比原军营照片可以看出,Scharnhauser花园居住区整个道路网沿承了原军营的方格网系统,很多原有道路经过整修翻新后继续加以利用。这不同于国内一些住宅区以弯曲的道路为美,并且不顾原有城市脉络的设计方式,不但浪费了多年的建设成就,而且令城市的文脉就此中断,成为一个没有历史文化积淀的混凝土沙漠。

居住区的道路系统采用小而密的网络,并应用了安宁交通的设计手法。居住区干道路面宽8m,支路路面宽度3~4.5m,路面宽度与中国的常规做法及规范相比小得多。道路的间隔一般为70~90m,车行道从住宅的山墙一侧通过,避免对半私密的组团庭院空间造成干扰。对比宽路面大间距的道路系统,这样的路网可达性更好,道路占地面积更小,而较窄的道路结合安宁交通措施使得道路的安全性更高,噪声废气更小,营造出良好的居住环境。

结合公交优先的交通概念,私人汽车的使用受到某种程度的限制,每个居住单元只提供1个车位(斯图加特人均拥有机动车0.6辆),并必须在各自基地内解决,每个单元另提供0.1个来访者车位。同时,有些小道限制私人汽车通过,为行人专用,如联排别墅区南北向的道路,设计者将其设计为人行通道,仅在紧急(火灾、急救、大件搬运)

时允许车辆通行。

3.混合型社区，工作、居住、休闲、教育等功能齐备

(1)区域层面的功能混合

功能分区曾经被认为是城市规划的一个基本原则，但是在实施中出现了很多问题：割裂了城市各功能之间的有机联系，居民要耗费大量的时间来往于不同功能区之间，浪费土地资源。因此从1980年代起，德国的城市规划就更多地强调城市功能的混合，而不是功能分区形成多个睡城和一个所谓中央商务区(CBD)的规划。

功能混合对于减少汽车的使用、节约通勤时间有很大作用。根据德国实用社会科学院的调查，23%的交通出行目的为工作，其中大部分(超过72%)是开车，因此，如果能在一定程度上减少工作通勤，可以大大缓解城市交通压力。功能混合，是一个通过减少居民通勤距离从而减少城市交通压力，达到环保节能的有效途径。功能混合需要注意的是避免不同功能之间的干扰，并使工作场所靠近主要交通干道。Scharnhauser花园居住区在中部规划了一条南北方向狭长的第三产业区，主要以现代服务业为主；东面为全区的交通干道及地铁线，通过干道只需几分钟就可以进入高速公路；西侧的景观大台阶既为工作场所提供了优美景观，也将第三产业区与居住组团完全分隔开，避免了对居住造成影响；在居住区南部还规划了一个较小的手工业/轻工业区，使就业形式多样化，并与住宅以道路分隔。

7.德国Scharnhauser花园居住区功能分区图(根据卫星照片绘制)
8.德国Scharnhauser花园居住区市民中心
9.德国Scharnhauser花园居住区商务办公楼

据同一调查结果，还有19%的出行目的为购物、31%休闲、6%学习，因此在一个适当的范围内满足居民这些方面的需求对于城市的生态与宜居就变得非常有必要了。Scharnhauser花园居住区配置了丰富的公共服务设施，包括超市、体育馆、学校、展示、文体活动空间等，基本在区域内满足了居民的各种日常生活需要。

由于功能混合，居民与工作人员的使用高峰刚好错开，还节约了类似停车、餐饮、休闲等设施。此外，根据雅各布斯的研究，"在一些成功的城市街道里，人流必须是在不同的时间段里出现的"，而"在这里做工的人和本地居民合在一起的能量会超过这两种力量简单的叠加之和"，从而使整个城区始终保持一种富有活力的状况。

（2）多种居住形式混合

混合型社区不只是在功能上的混合，不同收入、文化背景的人群混合也是德国近年居住区设计的一大特点。通常认为，社会的融合可以有效减少社会矛盾的产生，有助于社会各群体的互相交流。在建设和谐社会的中国，这或者也是一个值得研究的命题。Scharnhauser花园居住区为满足各层次人群的居住要求，提供各种大小、形式的住宅，包括多层、高层、联排、双拼、独栋等，建筑面积从58m²～180m²不等。其中80%的住宅单元用于出售，20%用于出租。而各形式住宅组团之间仅以道路划分，没有围墙栏杆之类，也没有保安禁止非本区居民进入。整个规划力图避免出现贫民区或者富人区之类的"集中营"，

10、11.德国Scharnhauser花园居住区学校及体育设施
12.德国Scharnhauser花园居住区幼儿园

13. 德国Scharnhauser花园居住区多层单元式住宅
14. 德国Scharnhauser花园居住区联排住宅
15. 供居民租用的小花园
16. 德国Scharnhauser花园居住区组团绿化

使各阶层相互融合，相互理解，减少社会对立。现在的Scharnhauser居民有外国人（外国人一词在德国并非完全正面），有单身青年，也有带小孩的家庭和白领，他们共同形成了一个多元化的社区。

4．适当的建筑密度

住别墅开小车的"美国梦"在欧洲也颇有市场，自德国经济复苏的20世纪70年代起，城市蔓延带就开始出现，其对于土地的利用十分不利，大量的土地被用于公路的建造，同时也促使居民更多地使用私人汽车；公共交通由于人口密度低，其运营状况持续恶化，在交通工具选择中的比例越来越低，甚至被最终废弃。为节约土地，降低交通用地比例，Scharnhauser花园居住区的规划全力避免出现这种情况，一方面规划了容积率达3.0的高层点式住宅，另一方面为满足居民拥有自己花园的需求，不但有充足的公共绿化，还提供一些小型的花园供居民租用。

居住与建筑密度的提高同时也为超市、休闲等设施提供足够的客流，有效避免了公共设施的闲置与浪费，并使其服务半径更为短捷，减少私人汽车的使用。

5．绿化景观

Scharnhauser花园居住区的绿化面积很大，这来源于规划的一个原则：仅利用原有的建筑及各种场地进行建设，其余未利用土地继续作为绿化用地。

绿化景观设计以简洁实用为原则，并无太多花哨的内容，也不像国内很多生态居住区一样人工建造大面积的水面。居住区的室外活动与绿化景观相结合，使绿化不再是"眼看手勿动"的一些景观：西北角为体育活动场地，西南角为儿童游乐、烧烤、雕塑等区域，景观大台阶则作为全区的漫步区，东部绿地被划分成小型花园，为居民提供私人园艺休闲的场所。与大多国内住宅区的绿化工作全由绿化工人完成不同，Scharnhauser花园居住区鼓励并提供条件让居民一起参加绿化，使居民对整个居住区产生强烈的归属感，并积极参与绿化的种植与维护——这同时也是居民的一种休闲方式。

由于整个地区的城市结构基本保留下来，原有的大树得以同时保留并形成居住区的活动空间。在植物种类的选择上，以本地的菩提树、橡树为主，草种也是当地原有的蒲公英、茅草等。整个区域并未从其他地方移栽大树，设计者有意让小树与这个城区一同成长。

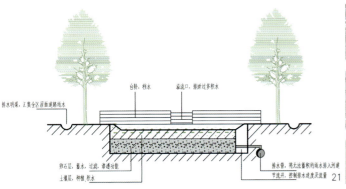

17. 即使车棚也做了屋顶绿化
18. 屋顶绿化大量使用回收处理后的旧建材
19. 景观大台阶（从南向北看）
20. 景观大台阶（从北向南看）
21. 景观大台阶剖面示意图（根据www.dreiseitl.de图片绘制）
22. 道路绿化带细节
23. 人行道细节

（1）雨水概念

斯图加特并非水资源缺乏地区，因此雨水的利用不是这个项目的主要目的。雨水的处理以保持"降水——地表水——地下水"的平衡和循环为主要目的，因此更多强调雨水的过滤、渗透，以延缓暴雨期间洪峰时间，减少排水量。其基本设计原则是使基地东南方的小溪在暴雨时的水量不比居住区建成前大。雨水的排水设计不同于传统的屋面、道路汇集到雨水管道，然后通过市政管网排到河道或污水处理厂的形式，而是尽量通过自然的方式使雨水进入自然水体中：通过屋顶绿化及透水路面先进行初步蓄水、过滤，然后汇集到道路两侧的明沟中，通过明沟部分渗透到地下，部分汇集到中部景观台阶两侧的排水明渠中，并进入台阶上每一层的低洼草地里，草地之下是一个卵石层，雨水在这里蓄积、过滤、渗透，过多的雨水通过泄流口进入下一层台阶。经过多次的蓄积后，只有少量雨水需要通过管道排到天然河道中。通过这样的方式，使区域的雨水排放量及对地下水的补充与未建设之前的天然场地相同。

（2）室外场地细节设计

生态设计还体现在各种细节上，有时候只要对习以为常的工程做法加以改进，就可以达到生态的效果，并非一定要使用某种先进技术才能达到效果。Scharnhauser花园居住区与常规做法不同的一个改进是绿化低于道路标高。道路两侧的绿化通常是用条石砌筑并高于道路水平的，在德国的一些新建城区里，绿化被设计为蓄排水设施的一部分，路面的雨水先汇聚到绿化带中，植被吸收一部分，部分渗透补充到地下水中，多余的部分通过绿化带下的盲管排走。改进后的道路应对大雨时突增的排水能力更强，并加强了地下水的回补。近年国内一些城市遭遇较大降水时经常由于市政管网排水能力不足而导致道路积水，另一方面道路绿化又因为蓄水不足经常需要人工灌溉。将道路绿化的标高做适当调整，即可缓解这个矛盾，在一些小区中或者可以进行试验。

另一个改进是以沙砾铺设的步行道及活动场地。常见的人行道与活动场地是以各种广场砖铺设的硬质地面，Scharnhauser花园居住区回归到以前的沙土场地，这也是加强雨水渗透循环的一个细节设计。这一设计同时还降低了室外场地的造价。

二、建筑设计

1. 利用旧建筑

（1）原有军营的改造

军营给人的印象就是单调和刻板，这个军营也不例外，是一个典型的"居住机器"：仅满足基本的居住需要，缺少阳台，且卫生间、厨房设备严重老化等。虽然如此，建设者并未像国内很多城市所做的，将这些旧兵营一拆了之，而是将其尽量利用，经过改造后作为住宅使用。兵营的改造就集中在适应居住要求上，具体措施为：内部改造厨房、卫生间管道，拆除部分隔墙使空间更加灵活，适应各种居住需要，增加阳台，拆除部分坡屋顶形成屋顶花园，入口增加门斗和雨棚；同时还对室内外装修进行了更新和维护，外立面局部使用彩色涂料，以活跃居住气氛，打破军营的单调。军营改造后主要作为低价住宅或出租住宅，为低收入人群提供廉价的居所。

（2）建筑垃圾的处理

旧建筑改造和拆除后产生了大量的建筑垃圾，其处理原则是充分利用各种废料，尽量减少需要运输、填埋的垃圾。因此针对不同的建筑垃圾，有不同的垃圾处理方法：

旧的隔墙等砖石、混凝土类建筑垃圾经过粉碎后用于土地的平整、道路路基处理等。这样处理的建筑垃圾占全部的81％，达到152000t，仅垃圾运输一个环节就减少了7600架次的载重汽车。

其他类似墙纸、地毯等有机物或金属为主的建筑垃圾的处理则是运到相应的专门垃圾处理中心进行。

(3) 改善原有城市空间。

原有的兵营是典型的20世纪50年代功能主义行列式住宅，没有围合的庭院空间，缺少组团的半私密场所，同时建筑密度较低，存在一些浪费的用地。因此在改造规划时，在现存建筑之间插入了多栋点式高层，与现有的兵营一起形成了一个围合的半私密庭院空间；兵营的条式建筑与道路之间的空隙也利用点式或者条式多层住宅填上，营造出完整的院落。

24. 原军营照片 (图片来源：www.billybils.de)
25. 改造后的军营及插建的高层塔式住宅
26. 改造后的军官宿舍仍依稀可见当年的风貌
27. 插建的住宅 (桔红色) 与保留的军营 (深红色) (根据卫星照片绘制)

28.Scharnhauser花园居住区居住区整体照片
29.高层塔式住宅
30.两栋高层之间的车库屋顶
31.尚无外保温的住宅,过梁及楼板处已加强保温,防止冷桥
32.已完成外保温和门窗安装的住宅外墙
33.生物质热电厂,外表以木板包裹,与内容相一致
34.热电厂的内侧,可见燃料入口及燃料抓斗
35.外墙设置了太阳能电池的联排住宅
36.屋顶上安装太阳能电池的多层住宅

2. 建筑设计概念

(1) 以实用为主的住宅设计

新建住宅设计以简约实用为原则，采用平屋顶的形式。10栋点式的高层塔式住宅采用了"和而不同"的设计手法，一方面以相同的平面和高度取得统一的城市景观效果，而在开窗形式与阳台、入口的设计上各不相同，使每一栋塔楼都有不同的外表。

高层住宅利用地形高差设计了一个半地下停车库，车库屋顶设置屋顶绿化及座凳、沙池等小型活动设施，为居民提供一个在家门前的休闲场所。同时，半地下车库也减少了道路对一层住户的干扰，很好地保护了一层住户的私密性。

(2) 强调节能的建筑设计

新建筑必须符合低能耗的标准，能耗要求低于$50kWh/m^2$/年(德国普通住宅$100kWh/m^2$/年，即能耗较普通住宅减少一半以上)。新建住宅的节能主要从加强外围护结构的保温性能入手，外墙采用17cm灰砂砖(Kalksandstein)与18.5cm厚聚苯泡沫板，外窗采用填充氩气的双层玻璃。加强的外围护保温使热能通过外墙的损失降到一个很低的程度，并有效降低了室内温度受外界影响的波动幅度。外墙的气密性主要通过内侧的抹灰加强。

3. "旧能源"/新能源——回归"薪柴时代"

千百年来，人类一直是以木柴作为主要燃料，只是从工业革命开始，各种化石燃料如石油煤炭才开始占据主要燃料的位置。Scharnhauser花园居住区做了一个回归的试验，建了一个以生物质为燃料的热电厂，它能满足本区80%的供热需要，同时产生540万kWh的电能，从而节约350万m^3天然气，每年少排放1万吨的二氧化碳。

这是一个生态中性的能源循环过程，植物通过光合作用将二氧化碳和水合成碳水化合物在枝干中，燃烧后产生的二氧化碳和水又回到空气中。由于Scharnhauser花园居住区及周边保留了大面积的绿化，绿化维护所产生的枝干等生物垃圾就为这个热电厂提供了所需燃料的70%，其余30%则通过专门的燃料林提供。热电厂有一套专门燃烧加热过滤设备，可以极大地提高燃料的燃烧效率并排出符合环保标准的尾气；燃烧前先对原料预热烘干，燃烧时有加强燃烧措施，并设置专门的出灰口，烟气排出端设置粉尘过滤装置，使每立方米尾气中粉尘最高含量仅10mg，远低于20mg的标准。

为应付高峰时段及突发事件需要，热电厂也安装了两台分别为5MW和10MW的天然气锅炉。但几年的实际运行表明，每年75%～81%的供热需求"烧柴"就可以解决，基本符合原设计要求。

由于斯图加特地区纬度较高，太阳辐射能并不是很高，Scharnhauser花园居住区住宅区只在部分住宅的屋顶和墙面上安装了峰值功率为37kW的太阳能电池板。

三、总结

生态住宅区的建设并不仅限于建造一个自然环境，更重要的是要营造一个适宜居民日常城市生活的场所，因此需要考虑的不止是绿化和水面，还要考虑到从功能划分、交通系统等城市规划的各个方面，满足居民工作、居住、学习、娱乐、购物等生活所需。在技术上也未必非高新技术不用，很多简单的传统技术也可以在经过改进之后应用到生态住宅区的建设中，与当地自然、技术与经济条件相结合才能获得良好的效果。

注释

1. Polycity是一个由CONCERTO(欧洲城市协作组织)发起，由欧盟资助建立的促进城市可持续发展的项目，其目的在于使能源更有效地利用以及增加可再生能源的使用。项目包括三个在德国、西班牙、意大利的示范性大型城市开发工程，分别是斯图加特南部的Scharnhauser Park(部分为改造旧军营，部分为新建住宅及公共设施、第三产业等)，巴塞罗那北部的Cerdanyola del Vallès(城市边缘的新建城区，规划人口50000)及都灵的Arquata(旧城改造为主，改善现有住宅、办公楼的保温，增加区域热电联合机组等)。

参考文献

[1] Klaus Füsser. Stadt, Strassen, Verkehr[M]. Brauschweig/Wiesbaden: Friedr. Vieweg & Sohn Verlagsgesellschaft mbH

[2] Claus-Christian Wiegandt. Nutzungsmischung und Stadt der kurzen Wege[G]. Bonn: Bundesamt für Bauwesen und Raumordnung, 1999

[3] Winfried Schreckenberg. Siedelungsstruktur der kurzen Wege[G]. Bonn: Bundesamt für Bauwesen und Raumordnung, 1999

[4] Stadt Ostfildern. Scharnhauser Park [EB/OL]. [2008-11-12]. http://www.ostfildern.de/Stadtinformation/Stadtportrait/Scharnhauser+Park.html

[5] The Commission for Architecture and the Built Environment (CABE). Scharnhauser Park [EB/OL]. [2008-11-12]. http://www.cabe.org.uk/default.aspx?contentitemid=1850

[6] MiD. Ergebistelegramm mobiltaet in deutschland 2002 [EB/OL]. [2008-11-12]. http://www.mobilitaet-in-deutschland.de/pdf/ergebnistelegramm_mobiltaet_in_deutschland_2002.pdf

[7] Deutsche Akademie für Stdtebau und Landesplanung. Deutscher Stadtebaupreis 2006 [EB/OL]. [2008-11-12]. http://www.dasl.de/wordpress/wp-content/uploads/stbp2006_tafel_FS_02kl_scharnhauser.pdf

[8] Netzwerk Stadt und Landschaft. Quartierszenario Ostfildern Scharnhauser Park 2030 [EB/OL]. [2008-11-12]. http://www.nsl.ethz.ch/index.php/content/download/1227/7391/file/

[9] Deutsche Umwelthilfe. Holzheizkraftwerk Scharnhauser Park[EB/OL]. [2008-11-12]. http://www.duh.de/uploads/media/6_Fink_291107_01.pdf

[10] William Bils. The Story of Nellingen Barracks[EB/OL]. [2008-11-12]. http://www.billybils.de/nellingenbarracks.html

作者单位：德国斯图加特大学

未来的可持续居住
——麻省理工学院城市研究与规划系系列课题介绍
Sustainable Living of the Future
Projects by Department of Urban Studies and Planning, MIT

赵 亮 Tunney Lee/Zhao Liang and Tunney Lee

编者按：本期《住区》新推出的"可持续住区"专栏，将持续报道万科集团与麻省理工大学城市研究与规划系合作的关于中国可持续住区开发的系列课题。本期报道的是该系列课题的研究思路与框架，后续将以深圳市万科四季花城为例探讨可持续社区居住，敬请读者关注。

一、背景介绍

可持续发展已经被提出了多年，但是由于缺乏系统深入的目标和方法论，直到今天它更多的是一个美好的远景，尤其是在居住社区方面的应用更是如此。很多人把绿色住区简单地理解为节能建筑等技术手段，这是片面的。可持续发展的概念实际上包含了三个E：经济发展、环境友好、社会公正（Economy，Environment，Equity），在社区和居住领域这三者缺一不可。

麻省理工学院（MIT）长期关注中国的发展。从20世纪80年代初开始，Kevin Lynch、Gary Hack、Tunney Lee等教授就开始访问中国，研究中国。2005年秋季到2009年春季，麻省理工学院的城市研究和规划系就受万科集团的帮助，由Tunney Lee和赵亮教授指导了一系列有关可持续住宅开发的工作室（studio，一种以课题练习为主的课程）分别以上海假日风景（2006年）、深圳四季花城（2007年）、深圳万科城（2008年）和深圳第五园（2009年）作为案例，研究当代中国可持续居住问题。在这一系列研究中，MIT针对中国城市和社区的热点话题提出见解，并在世界范围内进行横向比较和案例分析。课题有意识地选择了未来5年以后可能出现的社区课题，前瞻性地探讨城市和住区规划发展问题。这些问题很多反映了国际城市发展过程中的共同路径，其他国家和地区已经或正在经历，中国也不太可能避免和绕过。事实上，很多研究初期预设的情况在中国已经陆续出现，而且比预想的来得还要快。例如：正如我们预见的，过去几年的能源价格上涨已经明显改变人们的生活方式，环保观念迅速深入人心；各城市政府已经全面提高建设密度，同时开始实施严格的环保法规；传统的住宅开发商已经不同程度地介入了混合功能的城市综合体开发；深圳市已经逐步由一个特殊的移民城市变成一个人口构成相对稳定的"正常城市"。值得一提的是，传统上，关外（特区以外）地区不在城市规划的范围之内，没有人研究，也没有完整的交通、景观系统，而是一片支离破碎、零乱开发的土地。如果套用凯文·林奇的城市意向地图，很多的城市肌理是不能被感知的，居民甚至对自己所在的地区全无任何了解。但这份报告第一次从宏观角度补充了深圳某些地区的"身份缺失"。

二、情景假设

"情景假设不是预言、预测和推算，而是在符合逻辑的计划和描述基础上关于未来的一些故事……情景假设通常会包括一些未来的影象，或者说是在一系列时间点上对事物的主要特征所作的快照……"

——Gallopin

课程采用了情景假设（scenario building）的研究方法：

空间结构示意

1.打破道路的传统概念与空间模式，路景结合，除了交通，景观也成为道路的功能元素。

3.某小区入口车行道边的休闲小广场，人们可以尽情享受绿荫和安宁，低矮的绿篱可以隔绝汽车的喧嚣。（图中大柳树为保留的原生树木）

2.左图为某项目入口处的道路景观设计平面图，机动车道两侧的步行道路空间不再是狭小的线性道路空间，而是富有变化的室外活动空间。人们可以在回家的路上小憩、停留，有经过花园的感觉。

从图中我们还可领悟到，本来线性的人行便道空间借用了一部分院落空间，使便道范围加大，而且空间产生变化，形成行进中的花园绿地，克服了道路空间带给人们的单调感，虽然是人车混行，但人和车同样受到重视和尊重。

4.小区车行道旁的步行空间，设置了休息场所。道路中增加了绿化隔离带和减速带，使人和车的关系更加和谐。

5.车行道两侧宽敞的绿化步行空间

二、人车混行的交通系统，需要增加道路断面的变换。富于变化的道路空间可避免单调感，增加步行的情趣(图6~12)。

小区级道路的路面宽度一般为6m就可以满足汽车双向行驶的要求，因此在传统的人车混行小区里，主干道断面的做法是：中间为6m宽的机动车道，两边各留4.5m宽的人行便道和绿化带。以往在同一个小区里，小区级道路可能只有这样一种形式的道路断面做法，这是居民感觉道路空间单调的原因之一。其实，当道路空间加宽之后，也为道路断面的变化提供了条件。顺应道路两侧建筑布局的变化，可将道路时而放宽，时而弯曲，这样不但有利于限制机动车的车速，又可增加道路空间的趣味和魅力。

6.某小区入口处的机动车道路，中间增加一排行道树作为上下行车的隔离带，增加了入口绿化的植物丰实度，弱化了沥青路面带给人们的冷漠感觉。

7.机动车道隔离带时而采用绿篱隔离，时而采用栏杆隔离，用绿篱隔离时，道路断面宽度随之增加，人行便道由此产生弯曲，带来空间的变化。

8.在适当地段将机动车道的一侧增加一排停车位，道路断面由此局部加宽，空间得到放大。这也是增加地面停车位的好办法。但一定要配以良好的路边绿化。

9.在适当地段将机动车道两侧各增加一排停车位，使道路空间变得更宽。人行便道的路径随之弯曲，增加了步行情趣。由于栽种了茂密的行道树，有效减轻了机动车对行人的影响。这种处理手法还可以增加地面停车位的数量。

10.在人行便道一侧设置自行车棚，也可丰富便道的景观，并增加停车的功能。这样可减少自行车对院落环境的干扰，而且停放车辆方便，体现人与车的和谐关系。

11.人行便道和停车场地可用微地形分开，利用地面高差来限定空间。

12.因为高层住宅的间距较大，在背靠院落的消极空间内可以停放多排机动车，但要同时注意加强这些消极空间的绿化和美化。

三、组织好步行道路系统与机动车道的关系，使绿化空间与道路时而并行，时而交织，丰富小区空间景观的变化(图13~16)。

人车混行的大型社区，不但要注重机动车交通的组织和机动车的停放，对于步行道路系统的规划更要重视。步行空间对于提高社区的环境质量起着至关重要的作用。在人车混行的社区中，除了和机动车并行的步行空间以外，还应设置独立的、相对集中的步行系统，以满足社区居民室外交往、锻炼身体和休闲娱乐的需要。在传统的"小区——组团——院落"三级空间结构的住区，强调小区公园、组团绿地和庭院绿化三级绿地设置；而现在的住区绿化更强调它们之间的相互联系，使其相互沟通，相互渗透，以形成完整的绿化景观体系。

步行系统的设置，首先应注意其覆盖程度，要最大限度地带动全局；其次要尽量避开机动车的干扰，可在局部地段做到完全的人车分流，营造一些高质量的微观环境。

13.左图为某小区的绿化步行系统，由南北向中央绿化带和东西向中央景观轴组成。东西南北两条轴线形成十字型的主体景观轴线，像两条富有生命力的动静脉，将精美的风景渗透到各个院落中。绿化步行系统的走向时而沿着道路展开，时而穿越社区内部，以此使小区景观环境产生变化。

学生首先在给定的框架下对深圳和上海未来10～20年的经济、社会、文化境况进行合理的预测；然后按照课题收集总结国际上已有研究和实践，并在此基础上提出设计、财务和管理工具；最后将这些设计运用在对住宅项目的重新规划中并获得验证。每次课程结束后都用报告的形式记录整个研究过程和成果，并提出未来关于在深圳及中国其他城市创造一个可持续发展社区的一系列观点和指导思想。举例来说，作为经济特区并对中国发展起着重要作用的深圳，在未来的20年内将转变成一个人口相对稳定、经济增长率递减的"正常化"城市。城市住房是对未来的社会、经济和环境因素物质上的反应。虽然没有人能够完全精确预测到未来，但我们还是要问一个问题：未来的20年内，当下一代的住房和社区形成之后，深圳的社会经济环境可能会变成什么样子？麻省理工学院的这一研究，从对未来的情景假设开始，对深圳的城市化进程、经济发展、人口统计和生活方式的一系列后续趋势进行了研究。根据这些假设，我们开始为工作室的研究奠定基础以便重新思考城市规划和设计。这些假设包括以下方面：

1. 经济方面
- 珠江三角洲的经济将会持续增长，但不会像以前那样快速，例如：增长会保持在10%左右而不是现在的20%。
- 经济增长模式会强调保持高科技制造业、服务业和物流等之间更加平衡。
- 家庭收入会继续稳定增长。
- 家庭收入和政府补贴会更平等地分配到住房、教育和医疗保健等方面。
- 会加快和香港的一体化进程。

2. 人口方面
- 深圳从一个人口迁移较频繁的城市转变成人口更稳定的"正常"城市。
- 单身工人的数量会减少，家庭和孩子增多。
- 与发达国家在教育和社会经济层面上的差距会减小。
- 会拥有更多活跃的老龄人口。

3. 能源和资源利用

- 将在能源使用效率、节约用水、材料使用、循环利用和废物处理等方面制定更多的国家性和地方性的法律法规，污染源将会被很好地限制。
- 更高的能源价格促使可替代能源的研究和使用。

4. 生活方式方面
- 人口流动性增强，以满足上下班、上学、休闲娱乐等方面需要。
- 私家车的数量会增加。
- 传统的家庭模式仍然很重要，但是老年人相对于自己的子女会更加独立。

5. 交通规划方面
- 私家车、卡车和货物量的增加会带来一系列的问题：交通阻塞和空气环境的污染。
- 公共交通系统会继续发展。
- 政府将通过收取交通拥挤费和私家车费用等措施来控制车辆的使用。
- 通过更方便和舒适的公交方式和到车站更为简便的方法改善人们对公共交通的使用。

6. 土地规划方面
- 能够整合土地使用和交通规划。
- 通过增加交通和开放空间的可达性对混合性收入群体的居住环境进行区域性的规划。
- 土地分配程序将会更加规范，并且是基于区域规划基础之上的。
- 对旧城区和旧建筑进行改造的需求增加。

7. 技术方面
- 增加了手机使用的多目的性。
- 增强了网络的普及性。

三、研究框架

如果这些情景假设实现了，就会影响人们的生活方式，并给未来的住房和社区发展提供机遇和挑战。下一代的社区应该使居住环境变得更加精致、更加体贴，并且能够可持续发展。可持续的居住发展涵盖了包括"3个E"在内的许多很广泛的课题，其中的一些已经在下表中体现了出来。我们分四部分组织这些课题：资源有效利用、人口包容性、社区配套设施和流动性。每种分类在不同的尺度范围内都有不同的含义，并且每一个主题都由不同的主体操作，包括中央和地方政府、开发商或者地方组织机构。需要注意的是这个框架并不是完整的，而是作为对未来研究和工作室指导性的一个开头。还需要澄清的是一个工作室并不能涵盖所有的主题，对可持续住房发展的研究应该是一个持续的、长期的发展过程。

四、个人工具

上面的表格为规划工作室建立了一种结构框架。每年来自不同专业背景的12名学生都要从列表中选出小组和个人研究题目。每位学生在参阅了世界各地现有的研究成果

		[区域]	[社区、项目]	[建筑、组团、庭院]
资源有效利用	能源	储存和并网	场地使用	建筑能源使用
		当地生成	生成和分配	通风和隔热
		学校	社区	建筑全生命周期能源消耗
		价格制定	区域制冷/制热	
		高峰时期的使用	测量方法	
	水	资源保护	生态系统	水资源的使用
	自然	自然系统保护	景观设计	灰水再利用
	土地	开放空间网络	雨水收集	黑水排放
		建设密度	灰水再利用	旧建筑改造利用
		农田的保护	雨水管理	
	废物	城市范围内的收集/分类	社区收集/分类	家庭废物丢弃管理
		废品处理产业	重新循环使用	
		教育和政策	社区教育	
		重新循环/重新使用	建筑废物处理	
		下水系统		
人口包容性		可负担住宅/农村住宅		户型大小
		混合收入住宅	开放性和安全性的平衡	户型平面布局
		老年人住宅	同一社区内的大家庭	合住模式
		青年人住宅		
社区配套设施		零售设施	混合性居民	邮箱
		公共设施	商业服务、医疗、学校	安全
		混合性使用	开放空间	
		开放空间网络	社区管理	
		自然系统	社区中心	
		数字化连接	设施的可达性	
		英特网商业服务、医疗、学校	活动设施	
			社区虚拟网络	
流动性		TOD/公共交通	循环空间和停车位置	电梯
		汽车使用	当地公交TOD	
		步行和骑自行车的可行性	步行和骑自行车的可行性	
		生活工作的平衡		
		电信		

和案例后,为深圳和中国其他城市设计发展了一系列的"工具";这些工具包括技术、法规、思想等多方面内容。为了避免从其他地方滥用规划思想的风险,学生们提出了以下问题以便能够仔细地研究并进行自我检查:

- 工具是什么?
- 使用工具的目的是什么?
- 这些工具是应用在哪些范围之内的(例如区域、场所、建筑)?
- 工具使用者是谁(例如开发商、政府、居民)?
- 怎样评价投入产出的有效性?
- 让该工具发挥作用的前提要求有哪些?
- 已经有的成功实践都有哪些?
- 哪些研究已经存在,未来的研究都需要什么?

规划练习

课程研究的3个深圳项目:万科四季花城、万科城、万科第五园均坐落在坂田区,距离深圳市中心以北5km。这个区域不在经济特区内,并且由很多相互混杂的功能组成:当地和国际上制造型企业、城中村、居住区和办公区。工作室以这些项目和区域作为案例,讨论了在可持续发展的框架中有哪些地方是值得改进的。工作室并没有试图为这些社区做出一个综合性的重新规划,而是采用"通过设计进行研究"(research through design)的方法论,通过对项目不同方面的假设性重新规划来对一些思路和方法进行检测和展示。在研究四季花城的过程中,三组学生分别研究了以下课题:

- 相互联系的交通系统
- 混合多样的社区
- 自然资源系统

每部分都通过一系列规划图来对地区场所进行分析并提出观点。一些案例,包括来自美国、中国香港和新加坡的案例,也在这里被引用以作比较。针对研究课题,每组研究人员都明确了其情景假设、目标和主要理念,并且具体细分了他们在规划中的"角色"。例如,一些研究小组设定了自己是区域规划代理的角色,其他研究小组则代表私人开发商。虽然此次规划提出这个区域创造重新发展的机会,但是更主要的目的是为中国其他没有都市化发展的城市和区域提供建议,并且希望深圳发展中的失误未来会在其他地方避免。

本文简略介绍MIT系列研究的思路和框架,后续我们将以深圳万科四季花城为例探讨可持续社区居住。报告分为三部分:

1. 坂田地区的连通性

四季花城所在坂田中心地区的的城市肌理特征是不连续和各自为政的。这里分布着城中村、郊区社区和工业开发区。MIT团队以未来的轻轨站为中心为周边的各个社区提出了发展目标,试图在这个自发形成的地区重新建立城市的秩序。

2. 环境管理和教育

我们研究了深圳的自然发展历史后发现坂田地区未开发前的自然水文系统已经被割断和破坏了。MIT的团队设想了一系列措施希望可以修复这一系统。这一部分还提出了一系列社区教育的计划,我们认为只有居民的参与才能真正达成可持续社区的目标。

3. 建筑多样化社区

社区是需要多样的人群构成,包括不同的年龄、收入、社会群体,而不是单一的一种人,否则这个社区一定会存在问题。这部分论述了怎样的混合才是有效的和良性的,以及如何采用规划手段达到这一目的。

作者单位:赵 亮,万科集团万创设计管理中心
Tunney Lee,麻省理工学院

如何营造汽车时代的住区步行环境
How to Plan the Community Pedestrian System in an Automobile Era

韩秀琦 *Han Xiuqi*

家用车数量的日益增多，是近几年住区规划不得不面对的新问题。为了最大限度地避免住区内机动车导致的交通安全事故，并减少汽车尾气、灯光和噪声对住区行人的干扰，规划师在进行住区交通组织时，通常首选"人车分流"的手法，即尽可能地把住区车行道路系统和步行道路系统分离，让行人和机动车各行其道，互不干扰。人车分流体现了"以人为本"的规划理念，尊重居民的心理感受，营造出方便、温馨的居住氛围。实践表明，这种规划理念收到了良好的效果，颇受居民欢迎。

实现人车分流的方法很多，因地块形状、大小和具体情况各不相同，应对的方法也多种多样。但总的原则是宁可让机动车多绕些路，也要确保居民步行的便捷、舒适和安全。其中最常见的做法是在住区周边设置机动车道，而在住区中部布置步行道路系统，从而达到人车互不干扰的目的。另一种模式是利用住区地下空间布置停车位和行车通道，使行人和机动车立体分流。

但是，当住区规模大到一定程度的时候，要想实现住区范围内纯粹的人车分流几乎是不可能的。因为住区的规模越大，居民对机动车的依赖程度就越高。在这种情况下，规划师为了满足居民生活方便，首先应将机动车道路均匀地布置进整个住区，形成区内合理的路网密度。这就必然在某些局部区域形成人车混行的状况。因此，在较大住区内如何营造良好的步行环境，成为当前住区规划的一个新课题。

笔者认为"人车混行"的交通系统虽然不可避免地较"人车分流"模式增加了一些人车之间相互影响和干扰，但也具有其自身的众多优点。其一，人流和车流并行，共同利用同一个道路空间，在整个交通组织上更加集约，使得一些主要的公共空间可达性更好；其二，人车混行可以使道路空间变得更加丰富多彩，更富有人情味。如果人车分行，一些车行空间完全属于汽车，缺少人气，居民不免会缺乏安全感。因此，在部分学者倡导的"新都市理论"中，强调人车共存可能就是这个道理。

人车混行虽有以上的优点，但是由于社区的规模大，人和车的数量都会增加，如何在以汽车为主的交通组织中，保障步行者的安全和舒适，使其获得良好的步行感受，笔者想从以下四个方面加以论述，并提出相应的改进意见，供大家参考。

一、小区道路空间不仅要满足机动车通行，还要留出足够的步行空间余量，以提供丰富多彩的活动与休憩场所，克服单一机动车道路给人们带来的单调、呆板的感觉（图1～5）。

人车混行的道路空间，在传统的规划设计中，一般都是首先满足车行的要求，步行的人群被挤到道路两侧的狭小空间，让人们感觉是"以车为本"，行人不是主体。沥青或混凝土的路面适合车行的要求，但给人的感觉却是冷冰和生硬，缺少温馨的回家的气氛。虽然在车道两旁设置了人行便道，但大都比较单调，有时走很长的路，空间都没有变化。在减少机动车给人们带来的负面影响方面，有些小区的道路空间规划手法可以给我们不少启示，即把道路空间留得足够大（两栋建筑山墙之间的距离一般都超过25m），同时把步行空间尽量做得温馨和丰富多彩，让人们在与车并行的同时，能从中体验到类似人车分行的感受。

14. 十字型的主体景观轴线鸟瞰　　15. 三角形绿地景观鸟瞰　　16. 小区公园近景

17. 利用地面高差或设置矮墙限定院落的主入口，使其与机动车道完全隔离，营造院落的领域感与半私密性。
18. 院落入口的台地和绿化，将机动车有效地隔离在道路空间里。
19. 利用挡墙界定院落空间

20. 院落内部的绿化景观之一，强调绿化和铺地的结合。
21. 院落内部绿化景观之二

四、强化院落空间的户外活动场所功能，加强院落空间的领域感和归属感，为居民营造不受机动车干扰的舒适室外空间（图17～21）。

人车混行的社区特别要强化院落空间这一层次，使居民能就近享受安静、安全和绝对不受机动车干扰的纯粹绿化空间。院落空间是具有半私密性的空间，因此要通过规划设计手段使其不易引导外人穿越，形成一定的围合感和亲切感。院落是老人和儿童活动的乐园，在汽车拥有量不断增加的现代社会，院落空间已经是正常情况下小区内避开机动车干扰的最后净土，因此规划设计中一定要坚守好。

随着住宅高度的不断增加，住宅楼的间距越来越大，于是院落空间的面积也随之增加，这使每个院落都有可能成为一个室外花园，也为院落发挥更大的作用带来了机遇。

院落空间的形成，一般要靠建筑物的围合，或规划布局中建筑物位置的前后进退、相互错动来达到目的。例如可在南北向住宅为主的场地上布置少量东西向住宅以围合成院落。可是在北方地区，东西向住宅一般不被市场接受，因此要采取一些措施来弥补其不足。比如将东西向住宅的进深减小，改善其通风条件，降低住宅层数，使其只起到围合作用既可。事实表明东西向住宅同样可能受到市场追捧。有些两两相对的板式住宅，不用建筑围合，而是利用"台地"高差来界定院落，也可收到良好的效果。

面向大众的普通商品住宅小区不必要追求奢华，而要给人以朴实、温馨的感觉，让居民感受到"家"的氛围。要想取得这样的效果，开发商、规划师、建筑师和景观设计师必须精诚合作，保持良好沟通，只有相关人员对营造汽车时代的住区步行环境有共同的理解和追求，才会收到好的效果。

作者单位：中国建筑设计研究院

中国新住区论坛

2009年"长者住屋"论坛
暨《香港通用设计指南》图书首发式

主讲嘉宾：**肖才伟**，全国老龄工作委员会办公室国际部主任
题　　目：中国养老模式及老年人居住方式的变化及发展趋势
主讲嘉宾：**周燕珉**，清华大学建筑学院教授
题　　目：中国老年人居住建筑研究和设计实践
主讲嘉宾：**黄杰龙**，香港房屋协会行政总裁兼执行总干事
题　　目：香港及国外发展长者房屋之经验分享

- 主办单位：中国建筑工业出版社
  香港房屋协会
  清华大学建筑设计研究院
- 承办单位：《住区》杂志
  清华大学建筑学院住宅与社区研究所
- 活动时间：2009年10月29日(下午2：00-6：00)
- 活动地点：清华大学建筑设计研究院绿色报告厅
- 媒体支持：《中国建设报》《北京青年报》《世界建筑》《建筑创作》
  www.abbs.com.cn
- 现场直播：新浪网